企業成長戰略管理

選對經營戰略＋訂定計劃與執行→成功與卓越的企業集團

戴國良 博士 著

「企業成長戰略」→企業營運過程的
最高位階、最高指引方針及最核心的關鍵處所在

五南圖書出版公司 印行

作者序言

一、撰寫本書背景

筆者能夠撰寫本書是基於下列背景：

（一）過去十多年前，筆者曾寫過《策略管理》一書，深知「策略管理」是企業經營的最高位階，非常重要，必須高度重視。

（二）個人過去曾在中大型企業集團擔任過「經營企劃部」主管及「策略長」的工作職務，對策略規劃及策略執行，依然有清晰的回憶。

（三）近十多年來，個人閱讀了數百篇的財經商業周刊及雜誌，看到了諸多企業在策略上的實際作法及功效，也體會到策略對企業的重要性。

（四）近期，個人在無意間，看到日本大型上市公司，每年均須發布《統合報告書》（相當於台灣上市櫃公司的《年報》），這報告書裡面，有一個專章，是在描述該公司如何「創造價值」、如何「訂定中長期經營計劃與成長戰略」等，使我覺得日本大型上市公司對「經營戰略」及「成長戰略」的高度重視性。

（五）這十多年來，個人發現市面上很少有關於企業實戰策略或戰略方面的專書。

綜合上述五個原因，令筆者下定決心，想寫一本有關「企業戰略」及「成長戰略」方面的實戰專書，以做為日後此方面專書得傳承後代子孫。

二、本書 6 大特色

本書計有 6 大特色，說明如下：

（一）國內首發第一本企業戰略實戰專書：

本書可以說是近十多年，國內首發第一本有關企業成長戰略的實戰知識專書。它不只是理論而已，更多內容是介紹日本上市大公司及國內上市大公司的各種企業戰略實戰知識與經驗的大結合。

（二）借鏡日本 61 家上市大公司成長戰略實戰知識，資料難能可貴：

這部分是作者本人，親自上網查詢日本 61 家上市大公司的官網，搜尋找到他們日文版的「年度統合報告書」，並針對裡面的「企業戰略專章」，加以重點式、摘要式、圖解式的翻譯出幾個重點內容呈現出來；這些難能可貴的日文資料，相信將是國人幾十年來，第一次能透過翻譯及編寫後，才能完整看到的，此資料相當難能可貴。

（三）「企業成長戰略」是企業所有營運的最高位階：

　　企業營運，是由很多功能、很多團隊結合在一起，才能創造出價值來的；而「企業成長戰略」，可以說是企業所有營運過程中的最高位階、最高指引方針及最核心的關鍵處所在。所以，任何成功的企業或集團，都一定會有成功的企業經營戰略及企業成長戰略加以思考分析、規劃、執行與落實，才能成就企業集團的成功與卓越。

（四）公司各級幹部、主管都應研讀本書：

　　本書適合企業界的各位老闆們、董事長們、總經理們、各層級的幹部主管們，以及高階企劃幕僚人員們的借鏡閱讀，將會有意想不到的實戰知識收穫。

（五）適合大學授課教材：

　　本書適合各大學商管學院、企管系、企管研究所老師們的最佳授課實務教材。

（六）超圖解易於閱讀及吸收：

　　本書以超圖解圖文並呈方式，相信可以使所有的讀者們、上班族們、老師們、學生們，都會易於閱讀，並快速精簡吸收出本書的重點內容。

三、感謝與祝福

　　本書歷經半年多的搜集日文上市公司資料、分析、思考、整理及辛苦實作，終於完成了國內史上第一本「成長戰略管理」的實戰／實務專書，深感振奮與責任完成；在此，感謝五南出版公司編輯們的付出，以及無數期待中的所有讀者們鼓勵與支持。

　　最後，祝福所有讀者們，在你們的一生歲月中，都能有一趟：開心的、努力的、成長的、有收穫的、進步的、升官的、加薪的、身體健康的和終能財富自由的美麗人生旅程；在每一分鐘的珍貴時光中。

作者 戴國良

taikuo@mail.shu.edu.tw

目錄

第二篇　企業成長戰略綜述　133

第一篇
61 家日本大型
上市公司「價值創造」
與「成長戰略」

引言：61家日本大型上市公司「價值創造」與「成長戰略」規劃重點提示

一、本篇的資料內容，是作者本人親自上網查詢日本大型上市公司的官網，查詢他們公開的《統合報告書》（最新年度）；此報告書大約相當於台灣所有上市櫃公司每年的《年報》。只不過這兩個報告書內容的差異，主要是日本大型上市公司對企業經營戰略、價值創造、未來成長戰略等章節的描述較多，但台灣上市櫃公司年報的要求規格項目，就少了這些項目。

二、作者本人年輕時候，學過一些日文，大致還能看得日文企業文章及日文《統合報告書》的內容；因此，作者本人就挑選裡面章節的重點、重要內容，並且加以翻譯整理及圖示表達，終於形成本篇內容。

三、本篇內容，共計搜集高達61家日本知名、優良、大型的東京上市公司為案例；這些案例包含了各行各業的上市公司都有，從這麼多家的上市大公司的《統合報告書》中，相信大家可以從多元化、多樣化公司的角度，看到各行各業他們的企業經營戰略、價值創造、公司經營基盤及未來成長戰略等相關面向的描述，這些都是難能可貴與珍貴的實戰知識。

個案 1　日本花王公司

一、推估 2027 年經營績效數據

圖1-1(1)

- 合併年營收額：1.8 兆日圓
- 海外營收占比：50%

- 合併年獲利額：2,500 億日圓
- 日本營收占比：50%

二、Value creation model（價值創造模式）

圖1-1(2)

1. 價值創造源泉	2. 五大事業領域	3. 六大重點戰略	4. 永續經營，成長型經營
(1) 人才資本 (2) 財務資本 (3) IP、研發資本 (4) 製造資本 (5) 關係資本	(1) 化妝保養品 (2) 化學品 (3) 清潔用品 (4) 健康用品 (5) 護理用品	(1) 兩利經營： 　　既有事業＋新事業 　　並進 (2) EVA經營深化 (3) ESG實踐 (4) 五大事業持續 　　成長 (5) 數位轉型推進 (6) 人才開發及人才 　　活用最大化	

三、事業投資區分三類

| 1. 穩固
安定獲利事業領域 | 2. 增加
未來成長事業啟動領域 | 3. 改善
需要改革事業領域 |

四、**EVA** 的意義

EVA：Economic Value Added
（經濟附加價值）

五、對「事業經營組合」管理的強化

Business portfolio management
（事業經營組合管理） ➡ 對明日之星及成長型專業加強投資

六、企業 **DNA** 三點

1. 對現狀不滿足 ➕ 2. 持續性革新 ➕ 3. 不要害怕創新失敗

七、「兩利經營」的意涵

圖1-1(7)

1. 對既有事業的再深耕、深化經營	2. 對新事業領域的創新成長經營

八、未來成長的四種面向

圖1-1(8)

	既有市場	新市場
新技術	1.upgrade（技術升級）	3.嶄新事業的創造
既有技術	2.持續改良，創造好績效	4.價值轉換到新市場

九、人才戰略四要點

圖1-1(9)

1. 提供員工個人成長機會	2. 組織能力最大化
3. 提供更好的職場環境	4. 工作效率／效能的再提升

十、戰略

圖1-1(10)

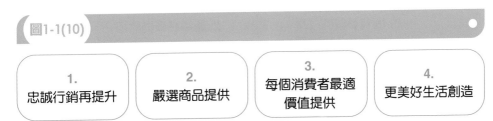

1. 忠誠行銷再提升	2. 嚴選商品提供	3. 每個消費者最適價值提供	4. 更美好生活創造

個案2　朝日集團控股公司

一、公司價值鏈圖示

圖1-2(1)

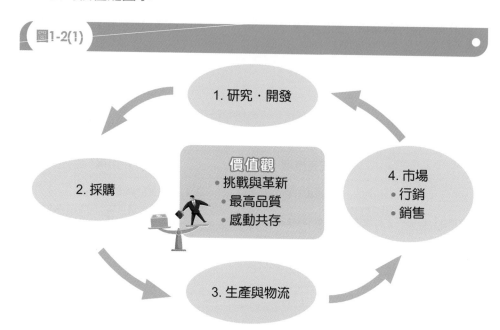

1. 研究・開發

2. 採購

價值觀
• 挑戰與革新
• 最高品質
• 感動共存

4. 市場
• 行銷
• 銷售

3. 生產與物流

二、事業經營組合圖示

圖1-2(2)

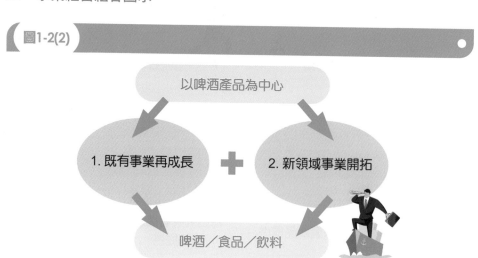

以啤酒產品為中心

1. 既有事業再成長 ➕ 2. 新領域事業開拓

啤酒／食品／飲料

三、環境

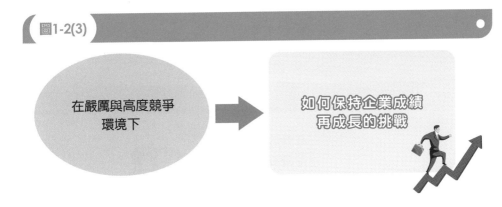

圖1-2(3)

在嚴厲與高度競爭環境下 ➜ 如何保持企業成績再成長的挑戰

四、全球化事業

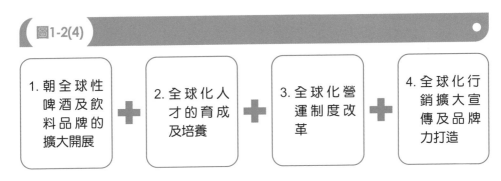

圖1-2(4)

| 1. 朝全球性啤酒及飲料品牌的擴大開展 | ➕ | 2. 全球化人才的育成及培養 | ➕ | 3. 全球化營運制度改革 | ➕ | 4. 全球化行銷擴大宣傳及品牌力打造 |

個案 3　東京威力科創公司

一、2030 年經營績效目標

圖1-3(1)

- 年營收：3 兆日圓
- 年獲利率：35%
- ROE：30%

二、價值創造模式

圖1-3(2)

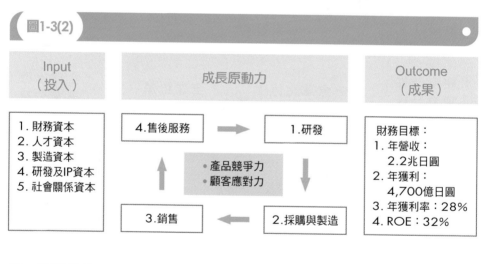

Input（投入）	成長原動力	Outcome（成果）

| 1. 財務資本
2. 人才資本
3. 製造資本
4. 研發及IP資本
5. 社會關係資本 | 4.售後服務 → 1.研發
・產品競爭力 ・顧客應對力
3.銷售 ← 2.採購與製造 | 財務目標：
1. 年營收：2.2兆日圓
2. 年獲利：4,700億日圓
3. 年獲利率：28%
4. ROE：32% |

三、研發投入

圖1-3(3)

5 年內投入 1 兆日圓 ＋

研發據點
1.日本：7個
2.海外：7個

四、做好各方利益關係人的回饋

圖1-3(4)

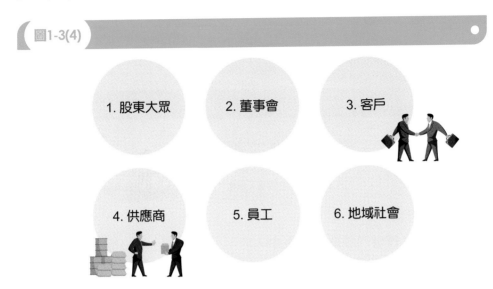

1. 股東大眾

2. 董事會

3. 客戶

4. 供應商

5. 員工

6. 地域社會

五、價值鏈 4 環節

圖1-3(5)

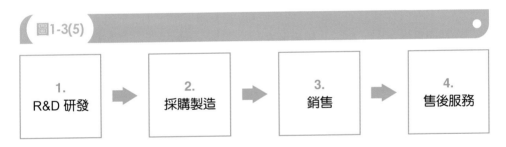

1.
R&D 研發

2.
採購製造

3.
銷售

4.
售後服務

個案 4 麒麟（KIRIN）控股公司

一、經營績效

圖1-4(1)

- 年合併營收：2 兆日圓
- 年合併獲利：1,900 億日圓
- 年 EPS：170 日圓

二、成長 3 大領域的經營資源集中

圖1-4(2)

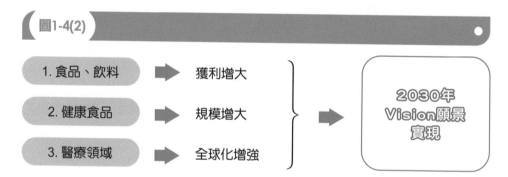

1. 食品、飲料	➡	獲利增大
2. 健康食品	➡	規模增大
3. 醫療領域	➡	全球化增強

2030年 Vision願景 實現

三、邁向 CSV 企業經營

圖1-4(3)

CSV企業
（Create Shared Value）

↓

創造共享企業價值
企業價值＋社會價值

四、事業

圖1-4(4)

3大事業領域的重心

➡ 提高附加價值

➡ 用價值競爭，而不要用價格競爭

五、組織

圖1-4(5)

強調「組織能力」的強化與全面提升
（Organizational capability）

六、成長

圖1-4(6)

保持「成長型」企業，創造企業價值最大化（Growth value）

七、事業經營

圖1-4(7)

朝向「事業經營組合」最適化（Business portfolio）

個案 5　明治控股公司

一、年度經營績效

圖1-5(1)

- 年合併營收：1 兆日圓
- 年合併獲利：929 億日圓
- 年獲利率：9.2%
- ROE：13.5%
- ROIC：8.4%

二、各事業群的重點課題

圖1-5(2)

1. 食品事業群	➡	(1) 核心事業的成長力回復 (2) 海外市場強化及成長（占比20%）
2. 醫藥品事業群	➡	持續深耕、深化、擴張
3. 全體	➡	往新領域挑戰

三、2 大工作重心

圖1-5(3)

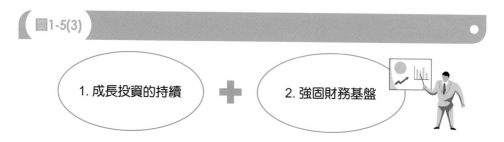

1. 成長投資的持續　＋　2. 強固財務基盤

四、5大經營基盤

圖1-5(4)

1.
每個員工能力發揮最大的職場與工作環境整備／改善

2.
人才多樣化、多元化、多價值觀推進

3.
全球化管理制度改革

3.
「經營型」人才的加強培育

5.
明治品牌資產價值再提升

五、永續

圖1-5(5)

永續經營 ESG的實踐

個案
5

明治控股公司

個案 6　永旺（AEON）零售集團

一、重要環境的認識

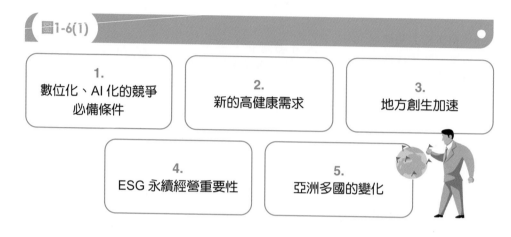

圖1-6(1)

1. 數位化、AI 化的競爭必備條件	2. 新的高健康需求	3. 地方創生加速
4. ESG 永續經營重要性	5. 亞洲多國的變化	

二、六大成長戰略

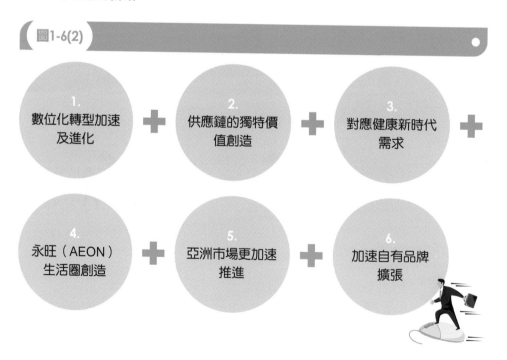

圖1-6(2)

1. 數位化轉型加速及進化　＋　2. 供應鏈的獨特價值創造　＋　3. 對應健康新時代需求　＋

4. 永旺（AEON）生活圈創造　＋　5. 亞洲市場更加速推進　＋　6. 加速自有品牌擴張

三、經營

圖1-6(3)

經營效率提升改善

四、營收與獲利要求

圖1-6(4)

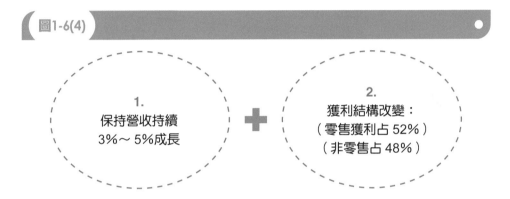

1.
保持營收持續
3%～5%成長

＋

2.
獲利結構改變：
（零售獲利占 52%）
（非零售占 48%）

五、品牌

圖1-6(5)

永旺（AEON）自家品牌「TOPVALU」，
PB（Private Brand）自有品牌事業繼續擴大

個案 7　三井物產株式會社

一、公司基本資料

圖1-7(1)

- 年合併營收：11 兆日圓
- 年合併獲利：1.1 兆日圓
- ROE：19%
- 全球員工數：4.6 萬人
- 布局全球：63 國、128 個據點
- 全球子公司數：513 家公司

二、公司願景與價值

圖1-7(2)

願景：360度全方位事業創造者
Vision：360° Business Innovators

價值：挑選與創造的價值觀

三、中期經營計劃（2024 ～ 2028 年）

圖1-7(3)

主題：Creating sustainable future
（創造永續性的未來）

四、三井的 Business model（事業模式）

圖1-7(4)

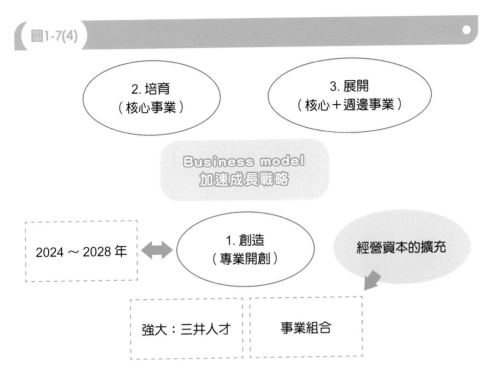

五、三井4大項經營資本

圖1-7(5)

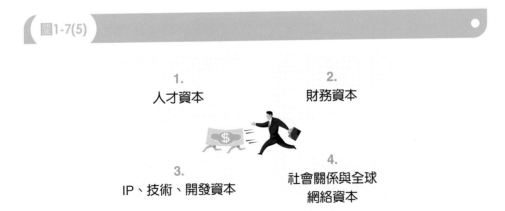

六、挑戰與創造 → 企業價值提升

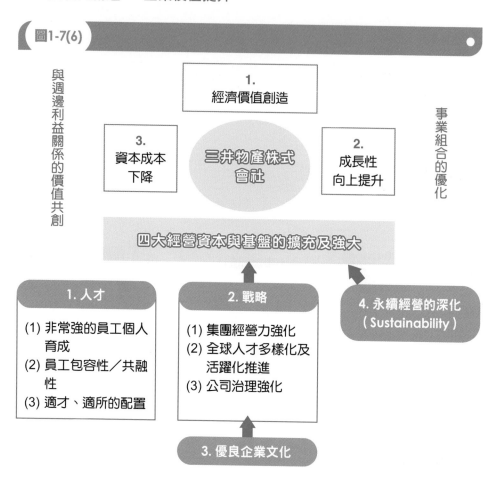

圖1-7(6)

與週邊利益關係的價值共創

事業組合的優化

1.
經濟價值創造

3.
資本成本
下降

三井物產株式
會社

2.
成長性
向上提升

四大經營資本與基盤的擴充及強大

1. 人才
(1) 非常強的員工個人育成
(2) 員工包容性／共融性
(3) 適才、適所的配置

2. 戰略
(1) 集團經營力強化
(2) 全球人才多樣化及活躍化推進
(3) 公司治理強化

4. 永續經營的深化
（Sustainability）

3. 優良企業文化

七、戰略

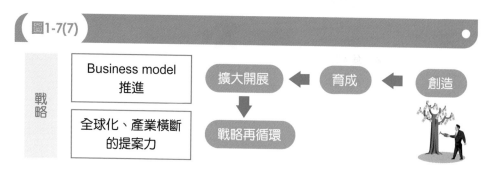

圖1-7(7)

戰略

Business model
推進

全球化、產業橫斷的提案力

擴大開展 ← 育成 ← 創造

戰略再循環

八、中期經營計劃的變遷

圖1-7(8)

中期 3 年經營計劃	2014～2017	2017～2020	2020～2023	2023～2026	2026～2029
公司戰略及重點計劃					
重點領域					

九、中期經營計劃 2026 年概要及戰略

圖1-7(9)

主題	
環境認識	
中期經營計劃	
公司戰略	・五個公司戰略（Corporate strategy） 1. 全球化、產業橫斷面提案力的強化 2. 「創造、育成、開展」三部曲的再推進 3. 永續經營的再深化 4. 集團經營力再強化 5. 全球化多樣人才的活躍推進

十、集團經營力強化

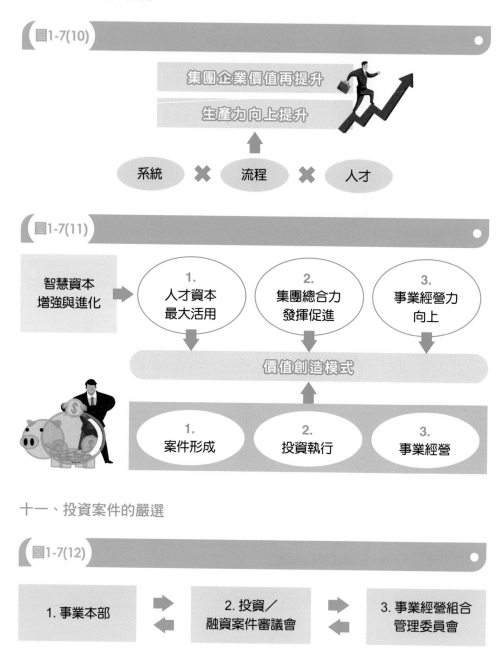

圖1-7(10)

集團企業價值再提升

生產力向上提升

系統 ✕ 流程 ✕ 人才

圖1-7(11)

智慧資本
增強與進化

1.
人才資本
最大活用

2.
集團總合力
發揮促進

3.
事業經營力
向上

價值創造模式

1.
案件形成

2.
投資執行

3.
事業經營

十一、投資案件的嚴選

圖1-7(12)

1. 事業本部

2. 投資／
融資案件審議會

3. 事業經營組合
管理委員會

個案 8　Lawson 超商公司

一、基本資料

圖1-8(1)

1. 合併營收：2.54 兆日圓
2. 合併獲利：550 億日圓
3. EPS：246 元
4. ROE：8.9%

5. 國內總店數：1.48 萬店
6. 海外店數：6,160 店
7. 成城石井超市：175 店
8. 金融 ATM：1.35 萬台

二、新年度新主張

圖1-8(2)

帶來「新的便利」

三、重視「現場主義」

圖1-8(3)

CEO每年巡視500店

四、面對環境變化很大

圖1-8(4)

 推出「集團大變革執行委員會」

五、集團成長

圖1-8(5)

追求集團化企業的成長（Growth business）

六、展店進化

圖1-8(6)

朝　都會區密集　×　個店／個客主義　的雙進化！

七、願景 2030 年

圖1-8(7)

推出「Lawson集團挑戰2030年」願景口號

八、超商經營的 2 大軸心徹底貫徹

圖1-8(8)

1. 商品戰略
美味、
健康徹底追求

＋

2. 營業戰略
庫存「量」與「質」
的執行力追求

九、將全國超商設為 8 個公司（8 區）

圖1-8(9)

• 自 2023 年 4 月起，將全國劃分為 8 個公司（8 大區）；
即：1. 首都圈 2. 北關東 3. 北海道 4. 東北 5. 中部 6. 近畿 7. 九州 8. 中四國

十、成立 SDGs 委員會組織

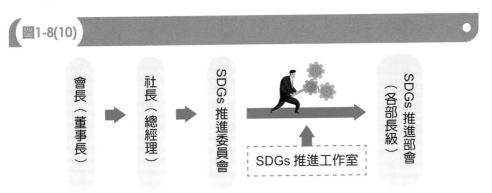

圖1-8(10)

會長（董事長） → 社長（總經理） → SDGs 推進委員會 → SDGs 推進部會（各部長級）

SDGs 推進工作室

十一、Lawson 集團挑戰 2030 年模式（model）與成長戰略

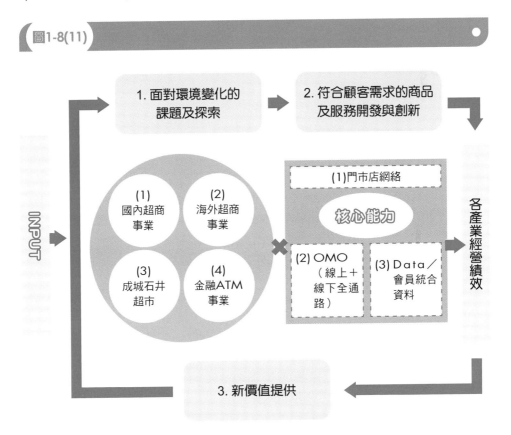

圖1-8(11)

1. 面對環境變化的課題及探索 → 2. 符合顧客需求的商品及服務開發與創新

INPUT

(1) 國內超商事業
(2) 海外超商事業
(3) 成城石井超市
(4) 金融ATM事業

×

(1)門市店網絡

核心能力

(2) OMO（線上＋線下全通路）
(3) Data／會員統合資料

各產業經營績效

3. 新價值提供

十二、未來 6 大重點課題

圖1-8(12)

1.
安全／安心／健康／高附加價值商品及服務提供

2.
員工工作熱忱、用心、投入的優良職場環境塑造

3.
對員工健康增進的支援

4.
提高每店坪效的增長

5.
對環保及地區共榮的增進，實踐 SDGs

6.
「集團大變革執行委員會」確實貫徹及推進進度

十三、「集團大變革執行委員會」的 7 個工作任務

圖1-8(13)

1.
賣場（門市店）大變革

2.
集團新價值挑戰大變革

3.
SDGs 推進大變革

4.
獲利結構及生產力提升大變革

5.
會員熱情工作的大變革

6.
供應鏈最適化與食品過期損失降低的大變革

7.
持續每年營收 3％～5％成長大變革

個案 9　松下（Panasonic）控股公司

一、公司競爭力的核心兩輪

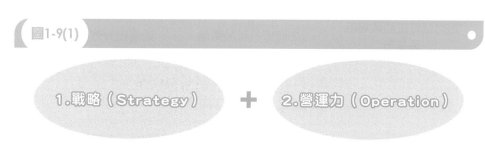

圖1-9(1)

1.戰略（Strategy）　＋　2.營運力（Operation）

二、經營 5 大資源

圖1-9(2)

1. 品牌資本　　2. 人才資本　　3. 財務資本

4. 製造資本　　5. 技術、IP 資本

三、應對力

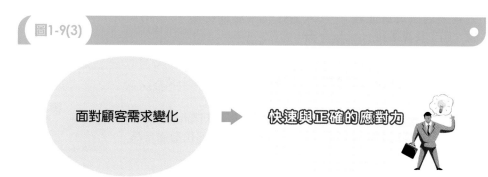

圖1-9(3)

面對顧客需求變化　➡　快速與正確的應對力

四、成立「operation 營運戰略部」

圖1-9(4)

1.
如何做好生產現場的再革新

2.
如何提升產品價值

3.
如何提升效率與效能

五、未來 3 年（2024 ～ 2026 年）績效目標

圖1-9(5)

- 累積 3 年獲利：達 1.5 兆日圓
- 累積 3 年現流：達 2 兆日圓
- ROE：10%
- 2026 年合併營收：8 兆日圓

六、未來工作重點及課題

圖1-9(6)

1.
自 2022 年起，每個子公司要自主負責任經營、自主負責獲利

2.
全球 24 萬人才，每個人活性化、活躍化提升

3.
公司競爭力徹底再強化

4.
每個營運（operation）流程再革新及創造新價值

5.
全球松下（Panasonic）品牌資產價值再發揮及再提升

七、日本松下（Panasonic）控股總公司的五大任務

圖1-9(7)

1. 集團經營方針的策訂及落實

2. 各子公司競爭力的強化（創新、品牌、現場、數位化）

3. 使每個員工活性化的制度整備

4. 對各事業體的判斷抉擇與成長投資的支援

5. 集團風險管控

八、計劃

圖1-9(8)

策訂2024～2030年的新中長期戰略規劃及成長型戰略投資計劃

一、價值創造模式

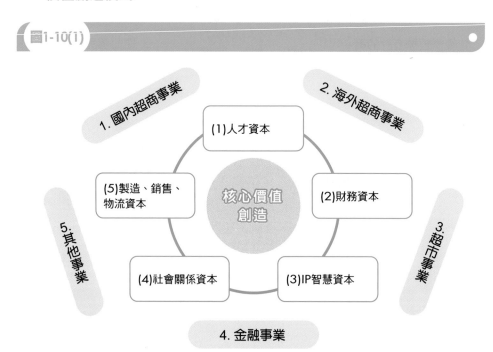

圖1-10(1)

1. 國內超商事業

2. 海外超商事業

3. 超市事業

4. 金融事業

5. 其他事業

核心價值創造

(1)人才資本

(2)財務資本

(3)IP智慧資本

(4)社會關係資本

(5)製造、銷售、物流資本

二、未來 5 個重點課題

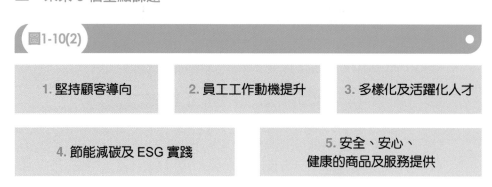

圖1-10(2)

1. 堅持顧客導向

2. 員工工作動機提升

3. 多樣化及活躍化人才

4. 節能減碳及 ESG 實踐

5. 安全、安心、健康的商品及服務提供

三、集團成長戰略

圖1-10(3)

```
┌─────────────────┐      ┌─────────────────┐
│  1. 願景 2030 年：  │  ✚   │  2. 永續經營戰略    │
│   中長期經營計劃    │      │                 │
└─────────────────┘      └─────────────────┘
```

四、公司基本資料

圖1-10(4)

- 合併年營收：2.2 兆日圓
- 合併年淨利：5,000 億日圓
- 獲利辛：4.2%

五、自有品牌基本資料

圖1-10(5)

- 品類：435 個品類
- 品項：3,500 個品項
- 年銷售：1.38 兆日圓
- OEM 代工廠：542 家
- 年賣 10 億日圓：286 個品項

六、全球店數

圖1-10(6)

- 全球：18 個國家，8.4 萬店數
- 日本：2.14 萬店數
- 亞洲：4.63 萬店數
- 北美：1.54 萬店數
- 歐洲：400 店數

七、國內超商事業戰略重點

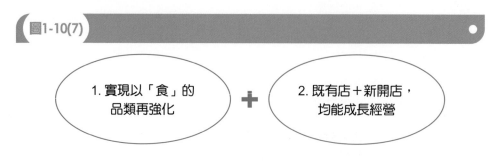

圖1-10(7)

1. 實現以「食」的品類再強化　➕　2. 既有店＋新開店，均能成長經營

八、成長戰略圖示

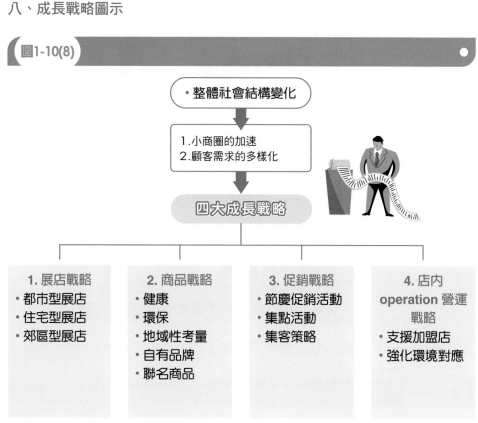

圖1-10(8)

- 整體社會結構變化

1. 小商圈的加速
2. 顧客需求的多樣化

四大成長戰略

1. 展店戰略	2. 商品戰略	3. 促銷戰略	4. 店內 operation 營運戰略
・都市型展店 ・住宅型展店 ・郊區型展店	・健康 ・環保 ・地域性考量 ・自有品牌 ・聯名商品	・節慶促銷活動 ・集點活動 ・集客策略	・支援加盟店 ・強化環境對應

個案 11　日立集團

一、基本資料

圖1-11(1)

- 年合併營收：7.6 兆日圓
- 年合併獲利：6,400 億日圓
- EPS：670 元
- 日本國內員工人數：3.8 萬人
- 國外員工人數：6.9 萬人

二、日立價值創造流程

圖1-11(2)

1. 企業價值向上提升	→	2. 公司治理再進化

支撐成長實現
4大要素

4. 科技與事業經營模式再革新	←	3. 強化 • 事業經營組合強化 • 人才組合強化

三、事業戰略（Business strategy）的 8 件事

圖1-11(3)

1. 2030 年中長期經營計劃	2. 支撐公司成長的主要課題	3. 人才戰略	4. 財務戰略
5. 各事業群戰略	6. 全球行銷及銷售戰略	7. 綠能戰略	8. 數位戰略

四、公司的意義

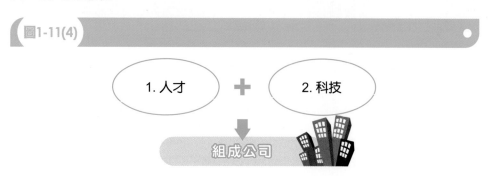

圖1-11(4)

1. 人才 ＋ 2. 科技

組成公司

五、單位

圖1-11(5)

- 採取多個 SBU 制度
- Strategic Business Unit
- 戰略事業單位
- （即：獨立利潤中心單位）

六、公司價值源泉

圖1-11(6)

1. 全球化多樣性人才及組織 （海外員工占 59%）	2. 創新的創出力 （R&D 投資 3,000 億日圓）
3.Business model（事業經營模式）	4. 技術潮流掌握

七、優先成長的 6 個事業群

圖1-11(7)

1. 科技	2. 能源	3. 設備管理
4. 行動	5. 採礦	6. 財務及保險

八、人才戰略 4 重點

圖1-11(8)

1.DEI 推進

(1)D：Diversity人才多樣化
(2)E：Equity人才平等化
(3)I：Inclusion人才包容化

2. 全球人才培育加速推進

3.「經營型」人才加強養成

4. 女性幹部比例提升

九、財務戰略 2 重點

圖1-11(9)

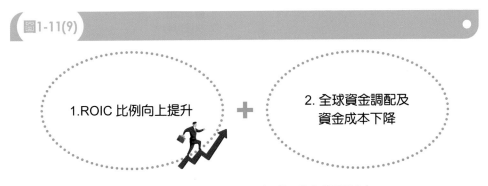

1.ROIC 比例向上提升 ＋ 2. 全球資金調配及資金成本下降

（註：ROIC是指：Return on Investment Capital，投入資本的回報率）

個案 12　小林製藥公司

一、小林製藥基本資料

圖1-12(1)

- 合併年營收：2,800 億日圓
- 海外營收：900 億日圓
- 國內營業淨利率：19%
- 每年廣宣費：190 億日圓

- 累計 30 年提案：5.7 萬件
- 品類：8 大類
- 品牌數：157 個

二、Business model（事業經營模式）

圖1-12(2)

非常強的經營資源
1.新商品不斷創出
2.人才雄厚
3.自由開放的企業文化
4.強大的行銷力

戰略 1
● 在小魚池中的大魚戰略（利基戰略）

戰略 2
1.創意產出
2.快速開發
3.強大行銷與廣告

持續成長導向的ESG

三、公司價值鏈流程

圖1-12(3)

 1.
新品創意
提出
➡
 2.
快速開發
➡
 3.
強大行銷
與廣告
➡
4.
國內外銷售
成長

四、公司基本資料

圖1-12(4)

願景 2030 年財務目標
1. 年營收：2,800億
2. 年獲利：900億
3. 獲利率：14%
4. ROE：9%
5. 國際營收占比：27%

五、5 大戰略

圖1-12(5)

1. 對既有商品 競爭力強化	2. 對新規事業 積極的創出	3. 對海外支援體系的 強化
4. 人才開發及育成的 加速推進	5. 對 ESG 永續 經營實踐	

六、研發合作團隊

圖1-12(6)

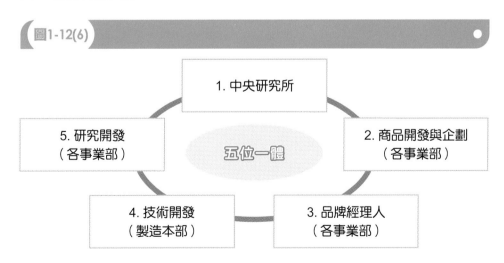

1. 中央研究所
2. 商品開發與企劃（各事業部）
3. 品牌經理人（各事業部）
4. 技術開發（製造本部）
5. 研究開發（各事業部）

五位一體

七、小林製藥最強之處

圖1-12(7)

貫徹現場主義（門市店／各賣場）的第一優先

八、中長期事業成長的驅動力

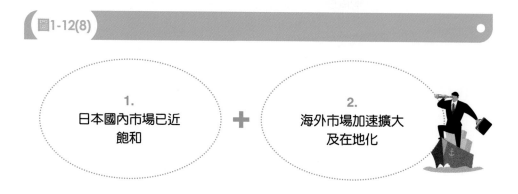

圖1-12(8)

1.
日本國內市場已近飽和

＋

2.
海外市場加速擴大及在地化

個案 13　住友商事公司

一、基本資料

圖1-13(1)

- 合併年營收：10.7 兆日圓
- 總資產：7.1 兆日圓
- 全球員工：7.8 萬人
- 成立：104 年

二、六大事業範疇

圖1-13(2)

1. 金屬	2. 機械	3. 能源
4. 化學品	5. 不動產	6. 媒體

三、三大經營基盤的強化

圖1-13(3)

1. 人才管理、人才多樣化，以及人事制度改革

2. 財務健全提升（確保現金流）

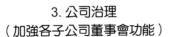

3. 公司治理（加強各子公司董事會功能）

四、事業戰略管理流程的強化

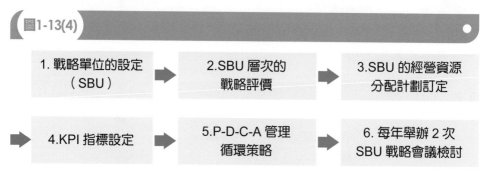

圖1-13(4)

1. 戰略單位的設定（SBU）	→ 2.SBU 層次的戰略評價	→ 3.SBU 的經營資源分配計劃訂定
→ 4.KPI 指標設定	→ 5.P-D-C-A 管理循環策略	→ 6. 每年舉辦 2 次 SBU 戰略會議檢討

（註：SBU係指戰略事業單位或戰略利潤中心；Strategic Business Unit）

五、成立 **2** 個重要委員會

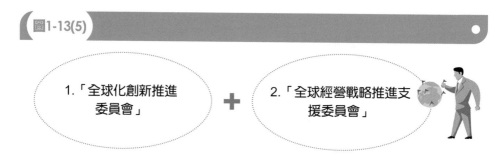

圖1-13(5)

1.「全球化創新推進委員會」 ＋ 2.「全球經營戰略推進支援委員會」

六、事業戰略架構圖示

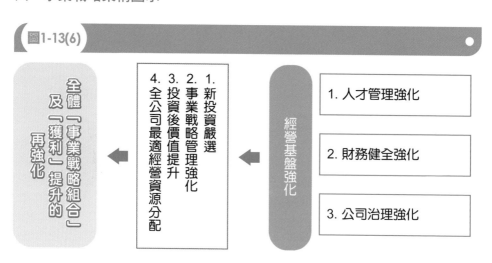

圖1-13(6)

全體「事業戰略組合」及「獲利」提升的再強化 ← 1. 新投資嚴選 2. 事業戰略管理強化 3. 投資後價值提升 4. 全公司最適經營資源分配 ← 經營基盤強化

1. 人才管理強化

2. 財務健全強化

3. 公司治理強化

個案 14　住友化學公司

一、五大事業領域與核心能力

圖1-14(1)

（一）必要化學事業

核心能力
1. 全球市場經營力
2. 多樣化人才力
3. 研發、技術力

（五）醫藥品事業

（二）機能材料事業

（四）健康、農業化學事業

（三）情報電子化學事業

二、CSV 企業

圖1-14(2)

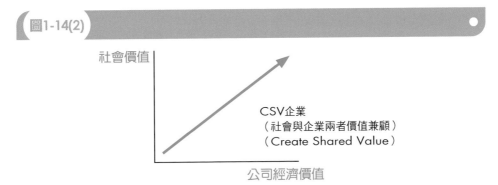

社會價值

CSV企業
（社會與企業兩者價值兼顧）
（Create Shared Value）

公司經濟價值

三、未來價值創造的重要課題

圖1-14(3)

1. 創新的推進　　　2. 數位競爭力強化　　　3. 人才育成、
　　　　　　　　　　　　　　　　　　　　　　　成長及多樣化

四、中長期經營計劃 6 大重點

圖1-14(4)

1. 事業經營組合的強化及改革	2. 財務體質改革	3. 次世代事業創出加速
4. 生產力向上提升	5. 持續成長的人才確保、育成及活力	6. 安全、安心的職場環境

中長期經營計劃6大重點

五、成長

圖1-14(5)

成長事業領域的集中投資與事業擴大

 → 1.電池高容量
2.5G高速通信網

六、事業持續的 3 大基盤

圖1-14(6)

1. 員工廠商作業徹底安全

2. 商品品質保證

3. 員工人權尊重

個案 15　日本瑞穗金融集團

一、價值創造的 process（流程）

圖1-15(1)

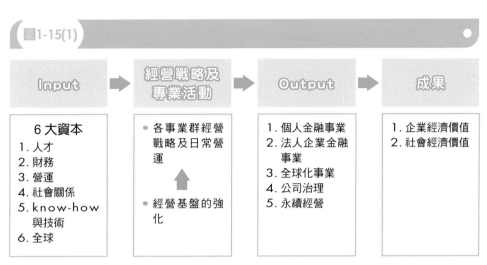

Input	經營戰略及專業活動	Output	成果
6大資本 1.人才 2.財務 3.營運 4.社會關係 5.know-how 與技術 6.全球	• 各事業群經營戰略及日常營運 • 經營基盤的強化	1.個人金融事業 2.法人企業金融事業 3.全球化事業 4.公司治理 5.永續經營	1.企業經濟價值 2.社會經濟價值

二、5 大經營基盤強化

圖1-15(2)

1. 企業文化變革

2. 人才資本強化

3. 數位轉型推進強化

4.IT 資訊改革推進

5. 安定的每日業務營運

三、中期經營戰略重要主題

圖1-15(3)

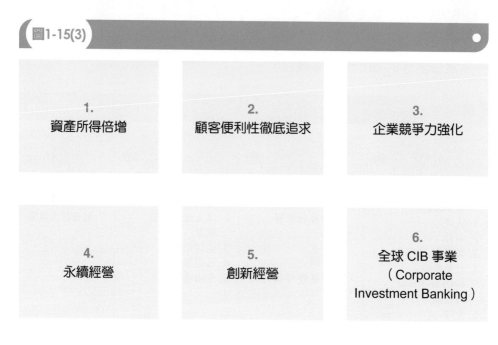

1.
資產所得倍增

2.
顧客便利性徹底追求

3.
企業競爭力強化

4.
永續經營

5.
創新經營

6.
全球 CIB 事業
（Corporate
Investment Banking）

四、2028 年中期績效目標

圖1-15(4)

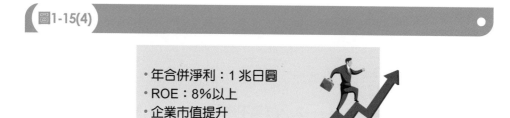

・年合併淨利：1 兆日圓
・ROE：8%以上
・企業市值提升

個案 16　富士軟片（Fujifilm）公司

一、基本資料

圖1-16(1)

- 年合併營收：2.5 兆日圓
- 年合併獲利：2,300 億日圓
- 獲利率：9%
- EPS：110 日圓

- 全球員工數：7.5 萬人
- 全球子公司：280 家
- 日本營收：40%
- 海外營收：60%

二、戰略

圖1-16(2)

| 1. 事業組合變革戰略 | ⟶ 相互連結‧相互一致 ⟵ | 2. 人才育成戰略 |

三、價值創造流程（process）

圖1-16(3)

六大投入資本

- 人才資本
- 財務資本
- IP、技術資本
- 製造資本
- 社會關係資本
- 全球網絡資本

➡

8 大事業群

創新

↑

（經營基盤）

➡

共創：
企業與社會價值

四、企業 slogan

圖1-16(4)

Value from innovation
（價值來自創新）

五、事業群發展的 **4** 種可能狀況

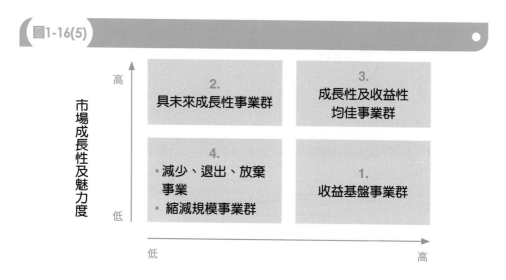

圖1-16(5)

市場成長性及魅力度

高

低

2.
具未來成長性事業群

3.
成長性及收益性
均佳事業群

4.
・減少、退出、放棄
事業
・縮減規模事業群

1.
收益基盤事業群

低　　　　　　　　　　　　　　　　高

六、八大事業群戰略

圖1-16(6)

1. 影像設備 事業群	2. 醫療系統 事業群	3. 生化事業群	4. 醫藥品事業群
5. 生活科技 事業群	6. 美容健康 事業群	7. 電子材料 事業群	8. 其他事業群

個案 17　明治食品控股公司

一、公司發展整體架構

圖1-17(1)

INPUT	中期經營計劃	強大價值鏈	成果

5 大資本
1. 人才資本
2. 財務資本
3. 技術／IP資本
4. 製造資本
5. 社會關係資本

1. 食品事業部
2. 醫藥品事業部
3. 全體

- ROIC經營體制的強化（投入資本的回報率）
- 成長投資持續
- 永續經營

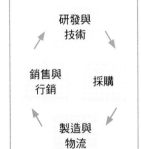

研發與技術

銷售與行銷　　採購

製造與物流

- 營收／獲利／企業價值

二、企業基本資料

圖1-17(2)

- 合併年營收：1 兆日圓
- 年獲利：694 億日圓
- 獲利率：6.9%
- ROE：10%

三、4 大強項

圖1-17(3)

1. 優越生產技術與品質管理	2. 高市占率、行銷力及信賴	3. 成本採購優勢	4. 研究開發能力

個案 18　三菱電機集團

一、集團基本資料

圖1-18(1)

- 合併年營收：5 兆日圓
- 合併年獲利：2,500 億日圓
- 獲利率：5.2%

- 日本國內營收占比：49%
- 海外營收占比：51%

二、集團 5 大經營資本

圖1-18(2)

1. 人才資本
- 全集團14.9萬人員工
- 每年人才育成投入：200億日圓

2. 財務資本
- 現流：1,600億
- 子公司持有3.2兆日圓

3. 製造資本
- 79家製造廠
- 設備投資：3,600億日圓

4.IP 與研發資本
- R&D每年投入：2,100億日圓
- IP件數：6.2萬件

5. 社會關係資本
- 全球44國設有據點

三、企業價值觀

圖1-18(3)

1. 信賴

2. 品質

3. 技術

4.Change for better

四、6 大成長戰略

圖1-18(4)

1. 5 大事業部成長戰略	2. 財務戰略	3. R&D 研發戰略
4. 人才戰略	5. IP 戰略	6. 數位戰略

五、2 大重要課題

圖1-18(5)

1. 永續經營 ＋ 2. 公司治理

六、2 大經營體質再強化

圖1-18(6)

1. 成本控制 ＋ 2. 生產力再提升

七、事業經營組合（Business portfolio）優化戰略

圖1-18(7)

對「重點成長事業」擴大投資及獲利成長

個案 19　日本龜甲萬食品公司

一、公司基本資料

圖1-19(1)

- 年合併營收：5,164 億日圓
- 年獲利：523 億日圓
- 獲利率：10%

- 員工總數：7,680 人
- 海外收入：占 70%
- 日本收入：占 30%

二、中期經營計劃目標

圖1-19(2)

- 每年營收成長率：5%
- 每年獲利率：10%
- ROE：11%

- 合併營收及獲利持續成長，向上提升
- 創造企業更高價值

三、4 大經營資源與戰略

圖1-19(3)

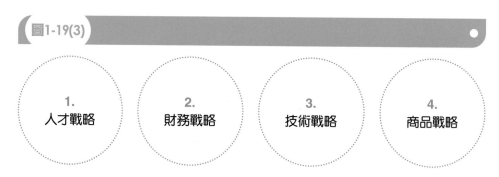

1. 人才戰略	2. 財務戰略	3. 技術戰略	4. 商品戰略

四、2030 年願景目標

圖1-19(4)

1.
全球 NO.1 戰略
➕
2.
技術 NO.1 戰略
➕
3.
新事業創造戰略

五、重要社會課題 3 範圍

圖1-19(5)

1. 地球環境
➕
2. 食與健康
➕
3. 人與社會

個案
19

日本龜甲萬食品公司

個案 20　日本生命保險公司

一、公司基本資料

圖1-20(1)

- 總資產：87 兆日圓
- 資本額：8.4 兆日圓
- 總員工數：7 萬人
- 合併收入：6.3 兆日圓
- 合併獲利：6,000 億日圓
- 保險件數：70 萬件
- 總顧客人數：1,480 萬人
- 企業客戶數：27.5 萬家
- 保費支付：2.73 兆日圓

二、企業使命（mission）

圖1-20(2)

企業、人、地域社會、地球環境的永續經營實現

三、價值創造的五大基盤

圖1-20(3)

1. 人才戰略	2. 財務／資本戰略	3. 公司治理與 ESG 戰略

4. 風險控管戰略	5. 客戶資料戰略

四、公司 8 大成長戰略發展重點

圖1-20(4)

1. 國內外資產運用及投資穩健化及避風險化	2. 集團獲利力再強化	3. 日本國內保險市場再深耕	4. 資金運用力強化及事業費用效率化
5. 收益性及健全性兩大支柱並重	6. 集團事業再強化及多角化	7. 資產活用與再成長戰略強化	8. 海外市場再成長戰略發揮

五、對外部環境再認識

圖1-20(5)

1. 少子化、老年化社會	2. IT、AI、數位化科技推進	3. 風險多樣化與擴大化	4. 全球升息化、通膨化
5. 地緣政治影響化	6. 顧客健康重視化	7. 企業員工健康重視化	8. 日本股市上漲化

六、集團經營基盤強化

圖1-20(6)

| 1. 人才活用、活躍 | 2. 數位活用 | 3.ERM 推進（風險控管） |

七、風險與報酬三角關係

圖1-20(7)

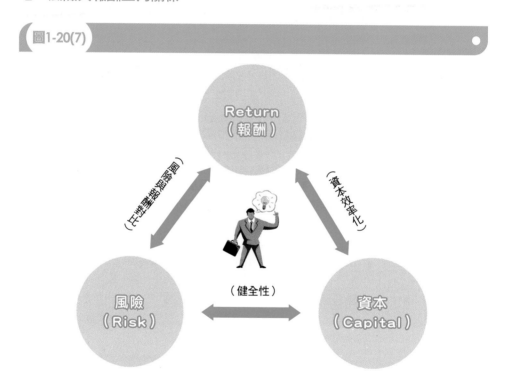

個案 21　豐田通商商社

一、公司基本資料

圖1-21(1)

- 合併年營收：7 兆日圓
- 合併獲利：2,840 億日圓
- 企業價值：22 兆日圓
- 全球化：130 國家
- 集團子公司：1,000 家

- 員工總數：6.7 萬人
- 七大業務領域：汽車、金屬、化學品和電子、食材、生活、機械和能源、零組件

二、人才戰略

圖1-21(2)

人才的多樣化、活性化、挑戰化，是未來重中之重

三、公司重要課題

圖1-21(3)

1. 經營決策的速度及品質再提升

＋

2.SQDC 實踐（安全、品質、交期、成本）

四、公司未來 5 大戰略重點

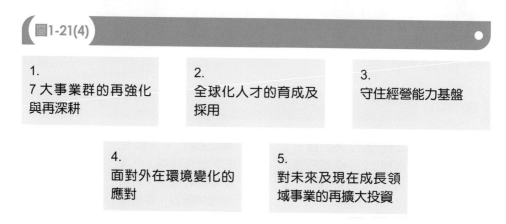

圖1-21(4)

1.
7 大事業群的再強化
與再深耕

2.
全球化人才的育成及
採用

3.
守住經營能力基盤

4.
面對外在環境變化的
應對

5.
對未來及現在成長領
域事業的再擴大投資

五、個人能力與組織能力並重發展

圖1-21(5)

1.
員工個人能力
+
2.
部門組織能力
→
3.
強大事業
拓展成功

六、投資循環

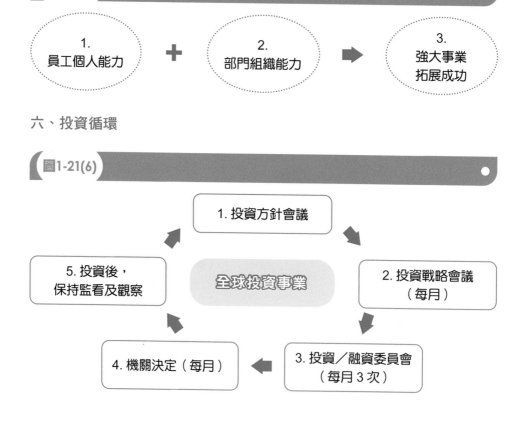

圖1-21(6)

1. 投資方針會議

全球投資事業

5. 投資後，
保持監看及觀察

2. 投資戰略會議
（每月）

4. 機關決定（每月）

3. 投資／融資委員會
（每月 3 次）

個案 22　馬自達（MAZDA）汽車公司

一、公司基本資料

圖1-22(1)

- 合併年營收：3.12 兆日圓
- 日本國內營收：5,696 億日圓
- 海外營收：2.55 兆日圓
- ROE：6.6%
- 獲利：816 億日圓

- 研發費：1,346 億日圓
- R&D 占營收額：4.3%
- EPS：20 元
- 設備投資：1,443 億日圓

二、主要成長戰略及施策

圖1-22(2)

1.	2.	3.	4.
更具魅力新車型開發及上市	品牌價值向上提升	對未來電動車及自駕車的研發投資	固定費用降低

三、外部大環境的變化

圖1-22(3)

1. 環保、減碳的呼聲高

2. ESG 推進

3. 少子化、老年化

4. 技術與創新（AI ／電動車／自駕車）

5. 價值觀多樣化

個案 23　三菱地所建設公司

一、公司 6 大事業群

圖1-23(1)

1.商用大樓 事業群	2.住宅大樓 事業群	3.海外事業群
4.投資管理 事業群	5.新事業創出 事業群	6.營業機能 事業群

二、價值創造 process（流程）

圖1-23(2)

非常強項

1. 人才資本
2. 智慧know-how資本
3. 製造資本
4. 社會關係資本

→

6大事業群

創新

↑

支持事業基盤

1. 財務資本
2. 公司治理

→

- 企業價值上升
- 股東價值上升
- 社會價值上升

三、成長戰略

持續強大「6大事業經營組合」
（Business portfolio）的再鞏固、再成長

四、2030 年長期績效目標

圖1-23(4)

- 年合併獲利：2,600 億日圓
- EPS：200 元
- ROE：10%以上

個案 24　日本愛普生（EPSON）公司

一、基本資料

圖 1-24(1)

- 合併年營收：1.12 兆日圓
- 年獲利：896 億
- 獲利率：8%
- 雷射印表機：占 69%營收

二、創造價值 4 大戰略

圖 1-24(2)

| 1.
5 大事業群創新戰略 | 2.
人才戰略 | 3.
營業戰略 | 4.
技術與 IP 戰略 |
|---|---|---|---|

三、攸關未來成長 2 大核心

圖 1-24(3)

1. 人才成長　＋　2. 技術革新

四、未來獲利結構占比重要方針（**2030** 年）

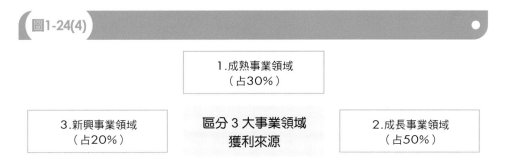

圖1-24(4)

```
                    1.成熟事業領域
                      （占30%）

3.新興事業領域      區分 3 大事業領域      2.成長事業領域
  （占20%）          獲利來源              （占50%）
```

五、公司 **4** 大經營資本投入與強化

圖1-24(5)

```
  1.人才資本          2.技術資本

      4 大經營資本強化

  3.財務資本          4.IP／技術資本
```

六、事業創新是為了解決社會課題

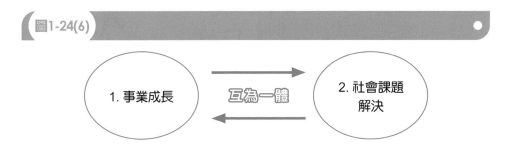

圖1-24(6)

```
1. 事業成長   →  互為一體  ←  2. 社會課題
                               解決
```

個案 25　KDDI 電信公司

一、整體發展架構

圖i-25(1)

2024 ～ 2027 年中期經營戰略

永續經營

| 事業戰略 | 經營基盤強化 |

・以 5G 電信為核心的事業變革推進

・2030 年願景（KDDI Vision）

二、五大注意事業領域

圖1-25(2)

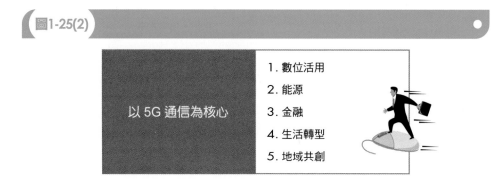

以 5G 通信為核心

1. 數位活用
2. 能源
3. 金融
4. 生活轉型
5. 地域共創

三、2 大經營基盤的再強化

圖1-25(3)

1. 人才變革與組織力
最大化發揮

+

2. 公司治理強化

四、KDDI vision 2030 年

圖1-25(4)

1.
企業集團理念

2.
2030 年願景概念

KDDI vision
2030年

3.
KDDI 永續行動
（Sustainable
Action）

KDDI電信公司

個案 26　三井化學公司

一、三井價值創造 7 大戰略

圖1-26(1)

1. 4 大事業群戰略

2. 新事業群戰略

3. 人才戰略

4. 財務戰略

5. R&D 研發戰略

6. 永續經營戰略

7. 數位轉型戰略

二、全球化開展

圖1-26(2)

- 全球地域：31 個國家
- 全球員工數：1.8 萬人
- 全球子公司：154 家
- 全球營收占比：47%

三、非常強項

圖1-26(3)

1.
100 年技術力

2.
多樣化且高附加價值的商品及服務

3.
強大客戶基盤

四、五大經營資本的投入

圖1-26(4)

1. 財務資本	2. 製造資本	3.R&D 資本
(1) 總資產：1.55兆日圓 (2) 投下資本：1.17兆日圓	(1) 日本：6處 (2) 海外：45處 (3) 設備投資：932億日圓	(1) 研發據點：10處 (2) 研發費：338億

4. 人才資本	5. 社會關係資本
(1) 全球1.8萬人	(1) 全球：154家公司

五、兩種事業經營組合

圖1-26(5)

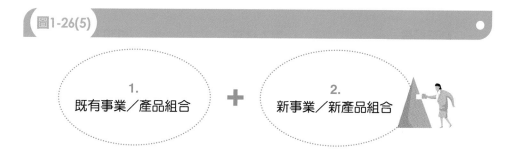

1.
既有事業／產品組合

＋

2.
新事業／新產品組合

六、事業經營組合（Business portfolio）變革加速

圖1-26(6)

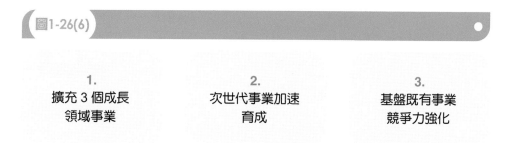

1.
擴充 3 個成長
領域事業

2.
次世代事業加速
育成

3.
基盤既有事業
競爭力強化

七、未來（2028 年）營運績效目標

圖1-26(7)

- 合併年營收：2 兆日圓
- 合併年獲利：2,000 億日圓
- 獲利率：10%
- ROE：10%以上
- ROIC：8%以上
- 成長投資 1 兆日圓
- 年研發費：700 億日圓

八、「Vison 願景 2030 年架構」

圖1-26(8)

1.
經營願景

2.
重大課題

3.
2030 年的成長

4.
基本戰略

5.
Business model
轉換

6.
事業經營組合的
改定

7.
經營目標

8.
投資計劃

個案 27　Seven&i 控股公司

一、公司發展整體架構

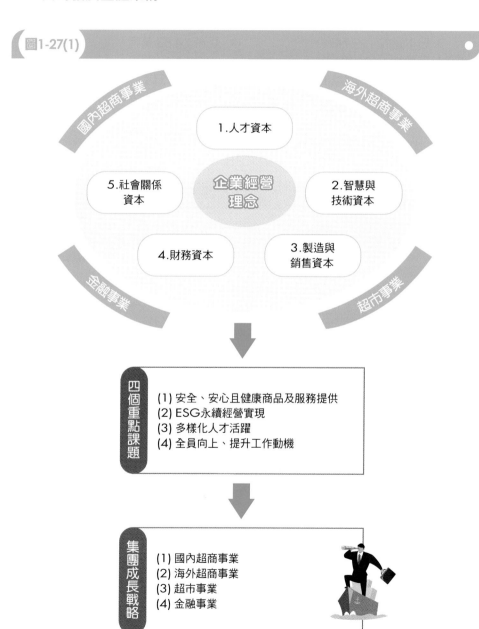

圖1-27(1)

- 國內超商事業
- 海外超商事業
- 金融事業
- 超市事業

企業經營理念

1. 人才資本
2. 智慧與技術資本
3. 製造與銷售資本
4. 財務資本
5. 社會關係資本

四個重點課題
(1) 安全、安心且健康商品及服務提供
(2) ESG永續經營實現
(3) 多樣化人才活躍
(4) 全員向上、提升工作動機

集團成長戰略
(1) 國內超商事業
(2) 海外超商事業
(3) 超市事業
(4) 金融事業

二、公司基本資料

圖1-27(2)

1. 合併年營收：11.8 兆日圓
2. 合併年獲利：5,000 億日圓
3. 日本營收：占 74%
4. 品類數：435 類
5. 年賣 10 億日圓以上品項：286 個品項

6. 全球合併總店數：8.35 萬店
   - 日本：2.14 萬店
   - 亞洲：4.63 萬店
   - 北美：1.54 萬店
   - 歐洲：409 店

三、強項

圖1-27(3)

以「食」為最強項、最大市場成長的品類

四、成長

圖1-27(4)

1.
既有事業

＋

2.
新興事業

共同加速成長

五、國內超商成長戰略

圖1-27(5)

4大成長戰略

社會構造 變化		1. 展店戰略	2. 商品戰略

	• 小商圈化
	  的加速
	• 需求的多
	  樣化
		• 都市型
		• 住宅型
		• 郊外型
			• 健康
			• 地域
			• 環境

外部環境 變化		3. 販促戰略	4. 門市店營運戰略
		• 節慶促銷 • 集客	• 物流 • 支援加盟店

個案
27

Seven&i控股公司

個案 28　日清食品控股公司

一、基本資料

圖1-26(1)

- 合併年營收：5,700 億日圓
- 合併年獲利：300 億日圓
- 全球：100 國家
- 海外員工：53%

二、成長戰略

圖1-28(2)

成長戰略之 1	成長戰略之 2
既有事業的現金流量創造力的強化	國內泡麵與非泡麵事業雙成長

成長戰略之 3	成長戰略之 4
全球品牌的深化，帶動海外市場成長	新事業領域推進（健康食品及營養食品）

三、持續成長的 3 個重點

圖1-28(3)

1. 需求開發　＋　2. 品牌浸透　＋　3. 市場開拓

四、變革

圖1-28(4)

支持經營戰略的人才及組織基盤變革

五、共享

圖1-28(5)

朝向CSV企業邁進

→ Create Shared Value
（創造共享價值）

→ 創造企業經濟價值與社會經濟價值的共享

個案 28

日清食品控股公司

個案 29　三菱化學控股公司

一、　公司基本資料

圖1-29(1)

1. 合併年營收：4 兆日圓
2. 合併年獲利：2,700 億日圓
3. 獲利率：6.5%
4. 海外營收：占 47%

二、3 個經營基軸

圖1-29(2)

1.MOS：Management of Sustainability（永續管理）
2.MOT：Management of Technology（科技管理）
3.MOE：Management of Economy（經濟的管理）

三、事業經營組合的聚焦 4 力

圖1-29(3)

1. 具市場 成長力	＋	2. 具市場 競爭力	＋	3. 具市場 永續力	＋	4. 具市場 獲利力

四、本集團的強項

圖1-29(4)

1.	2.	3.	4.
具市場第一、第二地位	具市場革新性	具市場競爭優勢	具差異化特色

五、4大目標重點事業

圖1-29(5)

1. EV電池材料
2. 半導體材料
3. 機能食品
4. 保健食品

六、組合

圖1-29(6)

對事業經營組合（Business portfolio） ➡ 展開改革、革新

七、戰術

圖1-29(7)

對戰略核心技術 ➡ ・要保持領先性 ・要十足強大

八、經營

圖1-29(8)

對每日經營效率的改善追求

➡ 達到 operational excellence 目標（每日卓越營運）

九、成本

圖1-29(9)

展開cost（成本）構造的改革

個案 30 麒麟（KIRIN）控股公司

一、 基本資料

圖1-30(1)

- 合併年營收：1.1 兆日圓
- 合併年獲利：1,000 億日圓
- 獲利率：10%
- 員工總數：3 萬人
- 子公司數：178 家

二、麒麟（KIRIN）價值觀

圖1-30(2)

➡ 誠實、熱情、多樣性

三、邁向 CSV 企業經營

圖1-30(3)

➡ 兼顧企業利益及社會利益兩者共榮

四、人才戰略與經營戰略一致性

圖1-30(4)

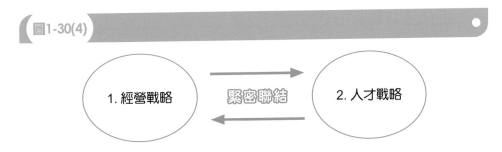

1. 經營戰略　緊密聯結　2. 人才戰略

五、3 大事業支柱的經營資源集中

圖1-30(5)

1. 食事業

(1) R&D研發
(2) 製造
(3) 採購
(4) 品管
(5) 銷售
(6) 行銷
(7) 物流
(8) 服務

3. 醫藥品事業

2. 保健品事業

實現2030年：麒麟（KIRIN）願景

六、麒麟（KIRIN）價值創造

圖1-30(6)

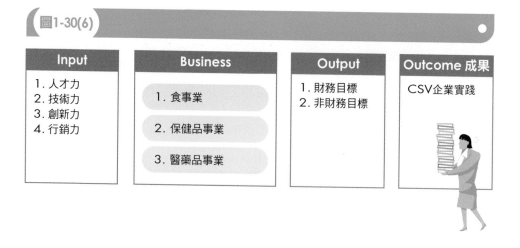

Input	Business	Output	Outcome 成果
1. 人才力 2. 技術力 3. 創新力 4. 行銷力	1. 食事業 2. 保健品事業 3. 醫藥品事業	1. 財務目標 2. 非財務目標	CSV企業實踐

個案 31 本田（HONDA）汽車公司

一、 基本資料

圖1-31(1)

- 合併年營收：14.5 兆日圓
- 合併年獲利：8,700 億日圓
- 獲利率：6%

二、價值創造 2 大源泉

圖1-31(2)

1. 人才 ＋ 2. 技術 ➡ value創造（價值創造）

三、公司 4 大戰略

圖1-31(3)

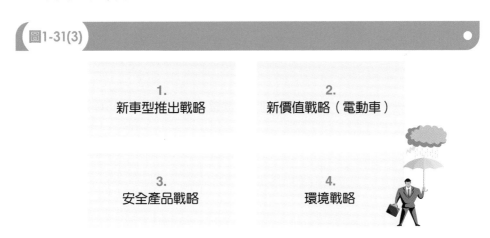

| 1.
新車型推出戰略 | 2.
新價值戰略（電動車） |
| 3.
安全產品戰略 | 4.
環境戰略 |

四、公司發展整體架構

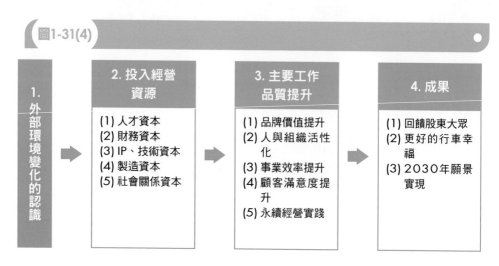

圖1-31(4)

1. 外部環境變化的認識

2. 投入經營資源
(1) 人才資本
(2) 財務資本
(3) IP、技術資本
(4) 製造資本
(5) 社會關係資本

3. 主要工作品質提升
(1) 品牌價值提升
(2) 人與組織活性化
(3) 事業效率提升
(4) 顧客滿意度提升
(5) 永續經營實踐

4. 成果
(1) 回饋股東大眾
(2) 更好的行車幸福
(3) 2030年願景實現

五、支援價值創新的 6 項課題

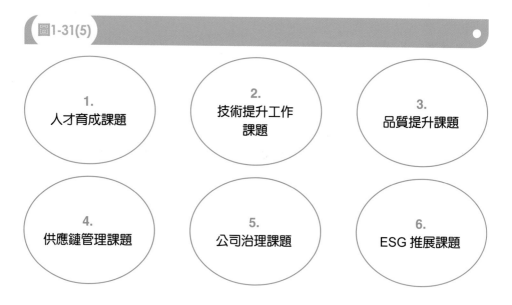

圖1-31(5)

1. 人才育成課題

2. 技術提升工作課題

3. 品質提升課題

4. 供應鏈管理課題

5. 公司治理課題

6. ESG 推展課題

個案 32　Canon 公司

一、基本資料

圖1-32(1)

1. 合併年營收：4 兆日圓
2. 合併年獲利：2,400 億日圓
3. 獲利率：6%
4. EPS：120 元

5. ROE：8%
6. 員工總數：18 萬人
7. R&D 費用：3,000 億日圓
8. R&D 占比：76%

二、面對大環境不確定下的 3 個重點施策

圖1-32(2)

1. 4 大事業群強化及擴大

2. 全球化生產體制的再構築

3. 獨特技術下的新商品開發強化

三、2030 年願景目標

圖1-32(3)

1. 邁向「全球化優良企業集團」
2. 2030 年合併營收：4.5 兆日圓
3. 2030 年獲利率：12%

四、**4** 大事業群競爭力的徹底強化

圖1-32(4)

| 1. 影像設備群 | 2. 醫療設備群 | 3. 列印設備群 | 4. 半導體事業群 |

五、提升

圖1-32(5)

總公司功能徹底強化與生產力提升

六、公司 **6** 大戰略

圖1-32(6)

1.
4 大事業群戰略

2.
R&D 研發戰略

3.
人才戰略

4.
IP 戰略

5.
財務戰略

6.
品牌戰略

個案 33　三井住友金融集團

一、價值觀

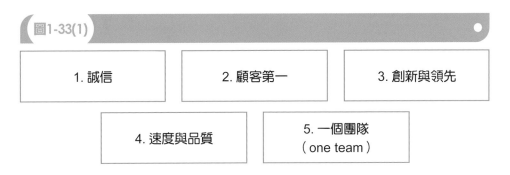

圖1-33(1)

| 1. 誠信 | 2. 顧客第一 | 3. 創新與領先 |

| 4. 速度與品質 | 5. 一個團隊（one team） |

二、願景（vision）

圖1-33(2)

最值得信賴與成長的金融集團

三、新中期經營計劃 3 大方針

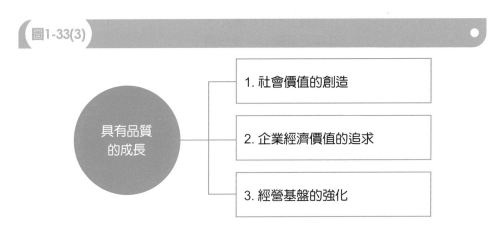

圖1-33(3)

具有品質的成長
- 1. 社會價值的創造
- 2. 企業經濟價值的追求
- 3. 經營基盤的強化

四、品質

圖1-33(4)

Quality build Trust
品質建立起信賴

五、提升

圖1-33(5)

「企業價值」持續向上提升

六、Input 四大投入資源／資本

圖1-33(6)

1. 財務資本	(1) 年獲利 8,000 億日圓 (2) ROE：8% (3) 不良債權比例：0.8%
2. 人才資本	(1) 總員工：11.6 萬人 (2) 年研修費：39 億日圓
3. 全球網絡	(1) 38 國家有據點
4. 顧客資本	(1) 法人客戶：100 萬家 (2) 個人客戶：2,800 萬人 (3) 信用卡數：5,400 萬人

七、Value creation process（價值創造流程）

圖1-33(7)

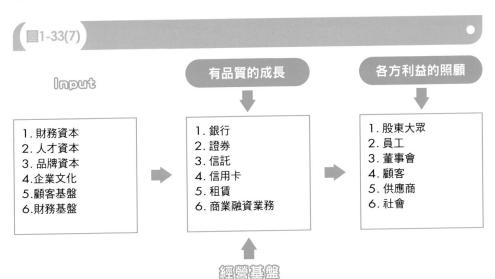

Input

有品質的成長

各方利益的照顧

Input	有品質的成長	各方利益的照顧
1. 財務資本 2. 人才資本 3. 品牌資本 4. 企業文化 5. 顧客基盤 6. 財務基盤	1. 銀行 2. 證券 3. 信託 4. 信用卡 5. 租賃 6. 商業融資業務	1. 股東大眾 2. 員工 3. 董事會 4. 顧客 5. 供應商 6. 社會

經營基盤

個案
33

三井住友金融集團

個案 34　三菱商事公司

一、4 種事業狀況圖示

圖1-34(1)

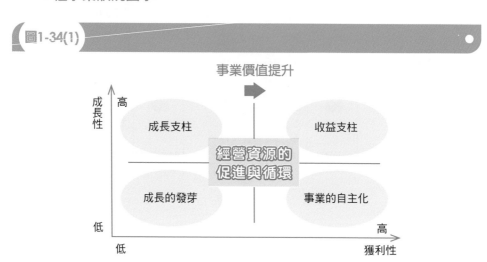

事業價值提升

成長性　高

成長支柱　　　　　　　　收益支柱

經營資源的
促進與循環

成長的發芽　　　　　　　事業的自主化

低　　　　　　　　　　　　　　　　　高

低　　　　　　　　　　　　　　　　獲利性

二、4 種重要會議的功能

圖1-34(2)

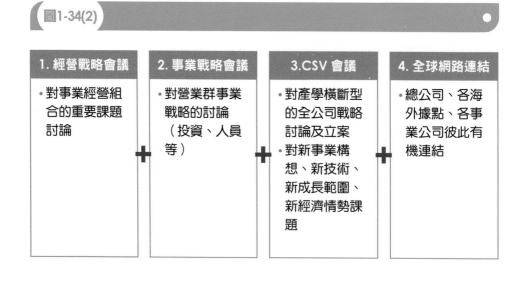

1. 經營戰略會議	2. 事業戰略會議	3.CSV 會議	4. 全球網路連結
・對事業經營組合的重要課題討論	・對營業群事業戰略的討論（投資、人員等）	・對產學橫斷型的全公司戰略討論及立案 ・對新事業構想、新技術、新成長範圍、新經濟情勢課題	・總公司、各海外據點、各事業公司彼此有機連結

三、人才戰略 3 要點

圖1-34(3)

1.
人才資本的價值
最大化發揮

2.
多樣化人才強化

3.
員工參與度提升

三菱商事公司

個案 35　豐田（TOYOTA）汽車公司

一、　豐田價值創造的經營基盤

圖1-35(1)

1. 人才戰略	2. 供應鏈合作	3. 資本戰略
4. 車輛安全與品質	5.ESG	6. 公司治理
7. 獨立董事	8. 風險管理	9. 員工健康

二、銷售

圖1-35(2)

全球第一大汽車製造公司
➡ 每年銷售820萬台汽車

三、銷售占比

圖1-35(3)

- 日本：15%
- 北美：27%
- 中國：20%
- 歐洲：11%
- 亞洲：13%
- 其他：14%

四、永續

圖1-35(4)

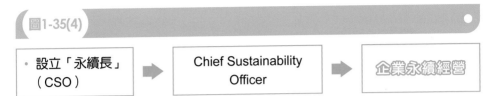

- 設立「永續長」（CSO） → Chief Sustainability Officer → 企業永續經營

五、經營績效

圖1-35(5)

- 年合併營收：31 兆日圓
- 年獲利：3 兆日圓
- 獲利率：10%
- EPS：52 日圓

六、財務戰略 3 支柱

圖1-35(6)

1. 安全性追求　　2. 成長性追求　　3. 效率性追求

七、研發

圖1-35(7)

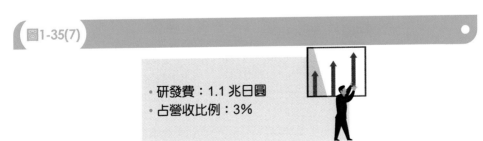

- 研發費：1.1 兆日圓
- 占營收比例：3%

八、4 大成長戰略

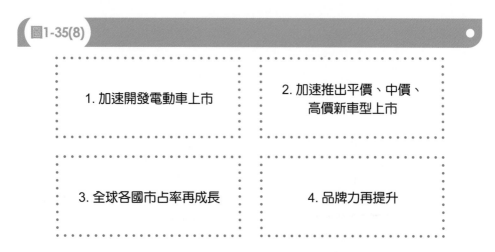

圖1-35(8)

1. 加速開發電動車上市	2. 加速推出平價、中價、高價新車型上市
3. 全球各國市占率再成長	4. 品牌力再提升

九、人才資本 5 要點

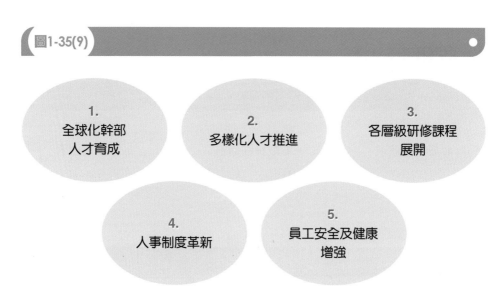

圖1-35(9)

1.
全球化幹部
人才育成

2.
多樣化人才推進

3.
各層級研修課程
展開

4.
人事制度革新

5.
員工安全及健康
增強

個案 36　無印良品公司

一、公司基本資料

圖1-36(1)

1. 合併營收：4,961 億日圓
2. 合併獲利：327 億日圓
3. 獲利率：6.5%
4. ROE：10.8%
5. 員工總人數：1.9 萬人
6. 日本店數：503 店
7. 亞洲店數：442 店

8. 營收占比：
- 生活雜貨：47%
- 服飾：37%
- 食品：12%
- 其他：4%

二、6 大成長戰略

圖1-36(2)

1. 商品戰略

2. 門市店戰略

3. 全球戰略

4. 人才戰略

5. IT 戰略

6. 永續經營戰略

三、5 個經營基盤

圖1-36(3)

1. 人才資本

(1) 全球員工數：1.9萬人

2. 智慧資本

(1) 商品設計
(2) 企劃
(3) 營運

3. 製造及銷售資本

(1) 全球店數：1,136店
(2) 國內物流：9個
(3) 海外物流：27個
(4) 海外代工夥伴：20個

4. 財務資本

(1) 純資產：2,448億日圓
(2) 資本額：67億日圓
(3) 自有資金：60%

5. 社會關係資本

(1) 全球32個國家
(2) 會員卡：6,000萬人

四、6 個營運重點課題

圖1-36(4)

1.
商品力再強化
（做出暢銷商品）

2.
生產的內製化

3.
行銷再強化

4.
門市店網及新通路
確立

5.
平日營運活動
再強化

6.
ESG 推動

個案 37　日本瑞穗金融集團

一、　支援成長的 7 大經營基盤強化

圖1-37(1)

1. 企業文化
   變革

2. 安定業務
   營運

3. 人才資本
   強化

4. IT 改革推動

5. 數位轉型
   強化

6. 業務創新

7. 永續經營

二、提升

圖1-37(2)

提升對顧客方便性的徹底追求

三、經營績效

圖1-37(3)

- 合併獲利：1 兆日圓
- EPS：95 元
- ROE：8%

四、價值創造 process（流程）

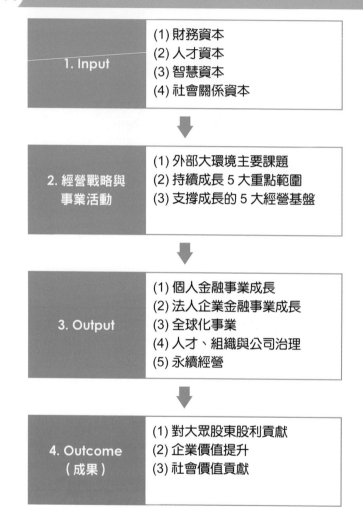

圖1-37(4)

| 1. Input | (1) 財務資本
(2) 人才資本
(3) 智慧資本
(4) 社會關係資本 |

| 2. 經營戰略與
事業活動 | (1) 外部大環境主要課題
(2) 持續成長 5 大重點範圍
(3) 支撐成長的 5 大經營基盤 |

| 3. Output | (1) 個人金融事業成長
(2) 法人企業金融事業成長
(3) 全球化事業
(4) 人才、組織與公司治理
(5) 永續經營 |

| 4. Outcome
（成果） | (1) 對大眾股東股利貢獻
(2) 企業價值提升
(3) 社會價值貢獻 |

個案 38　村田製作所

一、7 項經營資本／資源

圖1-38(1)

| 1. 人才資本 | 2. 組織資本 | 3. 製造資本 | 4. 技術、IP 資本 |

| 5. 財務資本 | 6. 客戶資本 | 7. 供應商夥伴 資本 |

二、基本資料

圖1-38(2)

1. 年營收：1.7 兆日圓
2. 年獲利：3,000 億日圓
3. 獲利率：18%
4. ROIC：20%

三、經營組合

圖1-38(3)

事業經營組合
（Business portfolio）

再進化、再革新

四、價值創造的 process（流程）

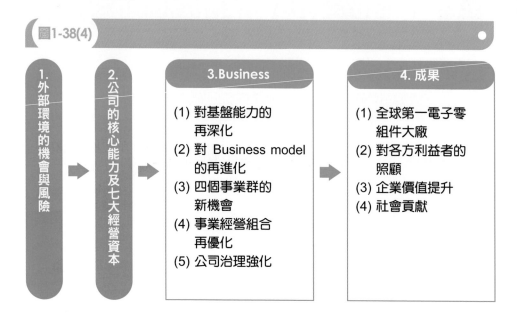

圖1-38(4)

1. 外部環境的機會與風險	2. 公司的核心能力及七大經營資本	3.Business	4. 成果
		(1) 對基盤能力的再深化 (2) 對 Business model 的再進化 (3) 四個事業群的新機會 (4) 事業經營組合再優化 (5) 公司治理強化	(1) 全球第一電子零組件大廠 (2) 對各方利益者的照顧 (3) 企業價值提升 (4) 社會貢獻

個案 39　日產（NISSAN）汽車公司

一、未來投資

圖1-39(1)

1. 電動車投資：2 兆日圓
2. 電動車車型：20 種車型

二、對事業構造改革計劃（NISSAN NEXT）

圖1-39(2)

1. 本業淨利率 5%以上	2. 全球市占率 6%以上	3. 獲利改善

三、最適化發展

圖1-39(3)

1. 生產能量最適化
2. 新車型上市效率化
3. 固定費削減

四、選擇與集中

圖1-39(4)

1. 核心市場 （日本、北美、中國）	2. 核心車型	3. 核心科技

五、四大基盤的再強化

圖1-39(5)

1. 企業文化	2. 品質第一	3. 顧客第一	4. DNA（創新、挑戰、熱情）

個案 40　SUGI 藥妝連鎖公司

一、基本資料

圖1-40(1)

1. 合併年營收：6,676 億日圓
2. 合併年獲利：316 億日圓
3. 獲利率：4.7%
4. EPS：311 日圓
5. ROE：8.8%
6. 總店數：1,560 店
7. 總員工數：7,700 人
8. 會員人數：2,083 萬人

二、經營基盤強化

圖1-40(2)

1.
成本構造改革

2.
人才與組織強化

3.
Data 數據化經營

三、價值創造 process（流程）

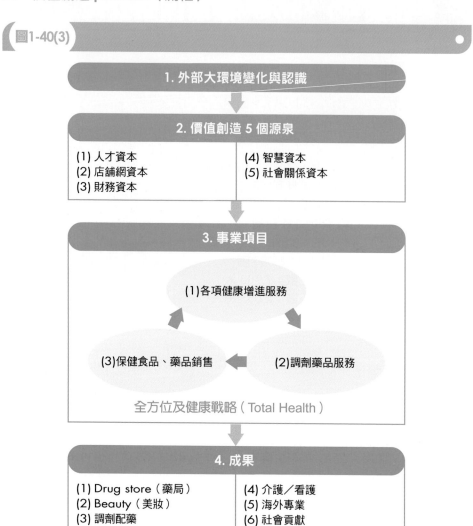

圖1-40(3)

1. 外部大環境變化與認識

2. 價值創造 5 個源泉

(1) 人才資本
(2) 店舖網資本
(3) 財務資本

(4) 智慧資本
(5) 社會關係資本

3. 事業項目

(1)各項健康增進服務

(3)保健食品、藥品銷售

(2)調劑藥品服務

全方位及健康戰略（Total Health）

4. 成果

(1) Drug store（藥局）
(2) Beauty（美妝）
(3) 調劑配藥

(4) 介護／看護
(5) 海外專業
(6) 社會貢獻

四、成長戰略的重點

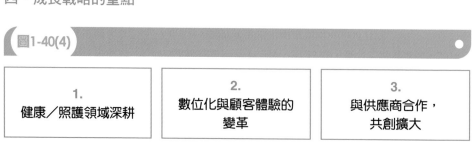

圖1-40(4)

1. 健康／照護領域深耕	2. 數位化與顧客體驗的 變革	3. 與供應商合作， 共創擴大

個案 41　東急集團

一、價值創造 process（流程）

圖1-41(1)

五大經營資本		四大事業範疇	更美好生活
1. 人才資本 2. 財務資本 3. 製造資本 4. 智慧資本 5. 社會關係資本	 企業價值提升 永續經營	1. 交通事業 2. 不動產事業 3. 生活、零售事業 4. 大飯店、休閒村專業	

二、永續經營重要課題

圖1-41(2)

1. 安全、安心	2. 生活環境品質	3. 排碳、減碳
4. 公司治理	**5.** 快樂生活	**6.** 每個世代人才育成

個案 42 三菱日聯銀行（MUFG）控股公司

一、價值創造 process（流程）

圖1-42(1)

INPUT

1. 財務資本
● 預金：213兆
● 資產：18兆
2. 人才資本
● 員工：12萬人（海外占 57%）
3. 社會關係資本（客戶）
● 個人：3,400萬人
● 法人：110萬家公司
● 國內據點：436個
● 國外據點：1,600個
4. 智慧資本

● 提供各方利益關係人的價值

● 各個事業體的推進

1. 企業文化改革加速
2. 發揮集團總合力
3. 海外子公司管理

二、未來經營戰略 3 支柱

圖1-42(2)

1. 企業改革	2. 成長戰略	3. 構造改革
● 數位化、速度化、環境議題	● 收益力強化	● 事業經營組合調整 ● 基盤改革 ● 強韌性確保

三、經營績效

圖1-42(3)

- 營業毛利：4.5 兆日圓
- 營業費用：2.9 兆日圓
- 業務獲利：1.59 兆日圓
- 稅後獲利：1.1 兆日圓
- ROE：7%

四、4 個成長戰略領域

圖1-42(4)

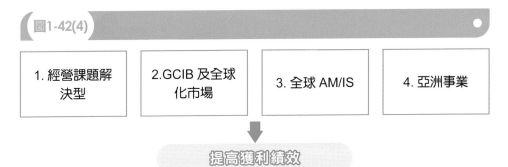

| 1. 經營課題解決型 | 2.GCIB 及全球化市場 | 3. 全球 AM/IS | 4. 亞洲事業 |

提高獲利績效

（註：AM/IS: Assset Management & Investor Services Business Group）
（註：GCIB: Global Corporate & Investment Banking Business Group）

五、人才投資加強

圖1-42(5)

| 1. 專業型人才 | 2. 經營型人才 | 3. 多樣型人才 | 4. 活躍型人才 |

六、信賴

圖1-42(6)

持續保持顧客／客戶對我們的高度信賴感

七、公司 slogan

圖1-42(7)

- 要超越金融、超越自己
- 要挑戰與創造！

八、未來「經營計劃」表格

圖1-42(8)

	2024 ～ 2027 年（中期）	2027 ～ 2030 年（長期）
1. 基本方針		
2. 主要戰略		
3. 主要課題		
4. 目標成果		

個案 43　伊藤園飲料公司

一、中長期經營計劃架構

 圖1-43

• 顧客第一主義

⬆

• 創造健康企業

⬆

• 中長期經營計劃（2024 ～ 2030 年）

五大重點戰略

1.國內既有事業的鞏固化　　2.茶飲料的全球市場營運　　3.新事業創出

4.經營基盤強化（人才及R&D研發）　　5.永續經營的推進

遠景目標（2030 年）
- 獲利率：7%
- ROE：10%
- 海外營收占比：12%

事業投資金額：700 億日圓

個案 44　雙日商社公司

一、人才資本最重要

圖1-44(1)

事業，是「人才」創造出來的

二、2 大成長戰略

圖1-44(2)

| 1. 既有事業不斷變革及增加獲利 | ＋ | 2. 新規事業投資的持續 | ➡ | 合併年獲利：3,376億日圓 |

三、7 個事業本部的成長戰略

圖1-44(3)

1. 汽車本部	2. 航太及交通本部	3. 金屬及資源本部
4. 化學本部	5. 生活產業本部	6. 零售商業本部
	7. 基礎健康本部	

成長戰略推進

四、公司 slogan

圖1-44(4)

New way, New value
➡ 新路徑，創造新價值

五、事業經營組合的調整

圖1-44(5)

Business portfolio
事業經營組合

➡ 向成長市場及成長領域
不斷前進及調整／優化

六、公司發展整體架構

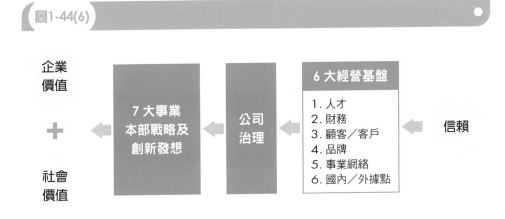

圖1-44(6)

企業
價值

＋

社會
價值

7 大事業
本部戰略及
創新發想

公司
治理

6 大經營基盤
1. 人才
2. 財務
3. 顧客／客戶
4. 品牌
5. 事業網絡
6. 國內／外據點

信賴

個案 45　丸紅商社公司

一、價值創造的流程

圖1-45(1)

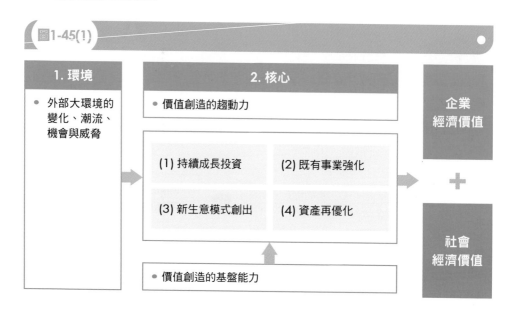

1. 環境	2. 核心	
• 外部大環境的變化、潮流、機會與威脅	• 價值創造的趨動力	企業經濟價值

（1）持續成長投資　　（2）既有事業強化

（3）新生意模式創出　（4）資產再優化

• 價值創造的基盤能力

企業經濟價值 ＋ 社會經濟價值

二、經營戰略重點

圖1-45(2)

1. 基本方針：Global cross value platform（全球交叉價值的大平台）

2. 經營戰略基本方針及施策：

(1) 支持專業成長的財務基盤強化（財務力）

(2) 既有事業強化及持續成長（既有事業力）

(3) 未來10年新的生意模式創出及爆發成長（新事業力）

(4) 新價值創造的人才育成及活用（人才力）

(5) ESG永續經營的落實推動（ESG力）

三、人才

圖1-45(3)

人才 ➡ 是丸紅集團的價值源泉最重要因素

四、事業指針 SPP 模式

圖1-45(4)

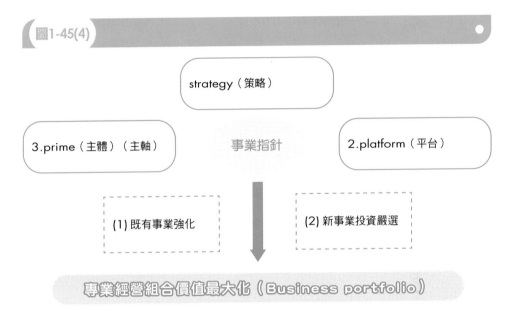

strategy（策略）

3.prime（主體）（主軸）　　事業指針　　2.platform（平台）

(1) 既有事業強化　　　(2) 新事業投資嚴選

專業經營組合價值最大化（Business portfolio）

個案 46 日本 FamilyMart 超商公司

一、基本資料

圖1-46(1)

- 合併年營收：2.95 兆日圓
- 合併獲利：1,500 億日圓
- 獲利率：5%
- 國內店數：1.65 萬店
- 海外店數：7,700 店

二、新的成長好循環

圖1-46(2)

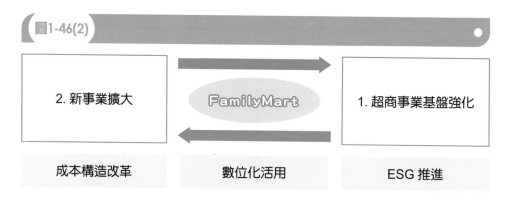

2. 新事業擴大	FamilyMart	1. 超商事業基盤強化
成本構造改革	數位化活用	ESG 推進

三、新規事業擴大

圖1-46(3)

1. 金融　　2. 廣告及媒體　　3. 數位化課題

四、超商事業的基盤強化

圖1-46(4)

CSV 事業基盤強化		
1. 門市店改革	2. 自有品牌加強	3. 顧客資料活用

五、FamilyMart 的組織圖

圖1-46(5)

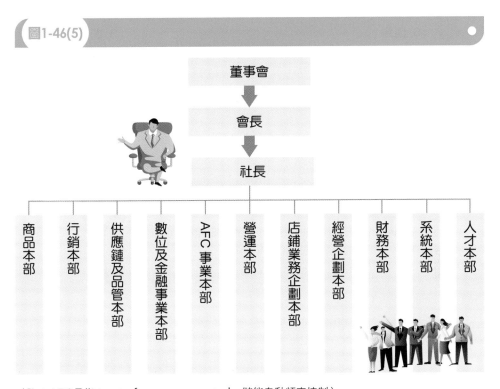

董事會

會長

社長

商品本部／行銷本部／供應鏈及品管本部／數位及金融事業本部／AFC 事業本部／營運本部／店鋪業務企劃本部／經營企劃本部／財務本部／系統本部／人才本部

（註：AFC是指：auto frequency control，儲能自動頻率控制）

個案 47　日本 SEIKO（精工錶）公司

一、企業價值鏈（value chain）

圖1-47(1)

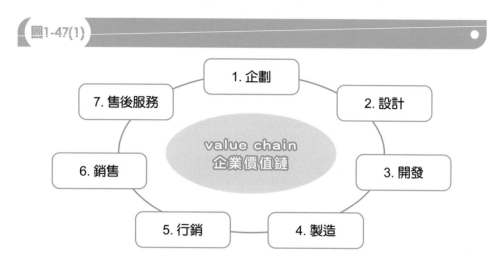

- 1. 企劃
- 2. 設計
- 3. 開發
- 4. 製造
- 5. 行銷
- 6. 銷售
- 7. 售後服務

value chain
企業價值鏈

二、3 個產品戰略主力領域

圖1-47(2)

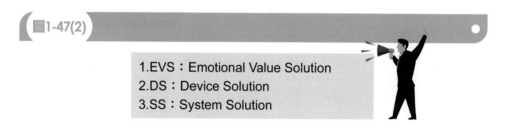

1.EVS：Emotional Value Solution
2.DS：Device Solution
3.SS：System Solution

三、集團共通核心戰略價值創造的 5 大項

圖1-47(3)

- 1. 人才戰略
- 2.SDG 永續戰略
- 3. 數位轉型戰略
- 4.R&D 研發戰略
- 5. 品牌戰略

四、SEIKO（精工錶）品牌戰略的 3 個價值軸

圖1-47(4)

| 1. 技術的價值 | 2. 感性、感動的價值 | 3. 社會信賴價值 |

SEIKO（精工錶）品牌價值

五、價值產生 process（流程）

圖1-47(5)

1.Input 投入	2. 核心	3.Outcome 成果
(1) 人才資本 (2) 財務資本 (3) 製造資本 (4) 研發、IP資本 (5) 社會關係資本	(1) 永續經營方針 (2) 核心戰略價值5項 (3) 3個產品戰略主力所在 (4) 4個事業機會	(1) Moving感動 (2) Valuable高附加價值 (3) Profitable高獲利
		對社會的貢獻

六、基本資料

圖1-47(6)

- 年合併營收：1.5 兆日圓
- 年獲利：600 億日圓
- 獲利率：4%

個案 48　樂敦製藥公司

一、基本資料

圖1-48(1)

- 年營收：2,386 億日圓
- 年獲利：339 億日圓
- 獲利率：14.2%
- ROE：13.6%
- EPS：263 日圓

二、技術

圖1-48(2)

日本眼科用藥 技術力／開發力第一

三、3 大同時實現要項

圖1-48(3)

1. 健全的財務體質

2. 持續成長投資

3. 安定股息發給股東

四、企業成長源泉

圖1-48(4)

 追求健康與幸福的Well-being（福祉）經營

五、價值創造 process（流程）

圖1-48(5)

1. **INPUT**	(1)人才　　　　　　(2)財務　　　　　　(3)製造 　　　(4)研發／IP　　　　(5)社會關係

2. **樂敦** **強項**	(1)品牌力　　　　(2)技術開發力　　　(3)品質 (4)顧客觀點　　　(5)人才力　　　　(6)快速力 　　　　　(7)全球網路

3. **福祉** **實現**	(1)對地球環境貢獻大　　(2)人才資本最大化　　(3)經營基盤強化

4. **五大** **事業** **體**	(1) OTC醫藥品（成藥，over the counter drug） (2) 機能性食品 (3) 再生醫療 (4) 保養彩妝品 (5) 開發製造受託

個案 49　大丸松阪屋百貨公司（j‧front retailing）

一、價值創造的投入

圖1-49(1)

1. 財務資本	2. 人才資本	3. 商場資本
• 設備投資572億日圓	• 7,300人員工	• 33家大店

4. 智慧資本	5. 社會資本
• 品牌價值 • 大店營運know-how • 賣場開發know-how	• 9,000家往來廠商

二、對外部大環境的認識及掌握

圖1-49(2)

1. 少子化、老年化、長壽命化	2. 都市分散化	3. 所得兩極化（貧富差距大）
4. 消費行動改變	5. 加速數位化	6. 既有事業模式業績衰退
7. 注重永續經營化		

三、Business model（生意模式）

圖1-49(3)

Business model

1. Business model	2. 強項
(1) 百貨公司 (2) 購物中心 (3) 開發事業 (4) 金融事業	(1)賣場營運能力 (2)優良顧客基礎 (3)往來廠商夥伴 (4)都市不動產開發

（Core Business）核心事業		
• 人才	• IT	• 公司治理

四、體驗

圖1-49(4)

朝「新的體驗價值」創造

五、公司發展 6 大戰略

圖1-49(5)

1. 尋找大型店再 開發戰略	2. 顧客接點 OMO 強化戰略（OMO： 線下＋線上，全通路）	3. 內容戰略（大店改裝 魅力化推進）
4. 富裕層戰略 （鎖定富裕層會員）	5. 會員鞏固化經營 （會員卡、會員 App）	7. 大店事業經營組合 變革及再優化

公司成長6大戰略推進及強化

個案 50　日本第一生命保險公司

一、堅持顧客第一主義

圖1-50(1)

顧客第一主義　➡　一切皆以：顧客為最優先

二、企業願景

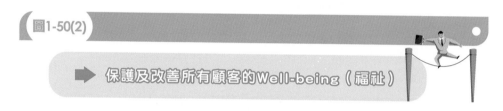

圖1-50(2)

➡ 保護及改善所有顧客的Well-being（福祉）

三、企業 4 大支柱戰略

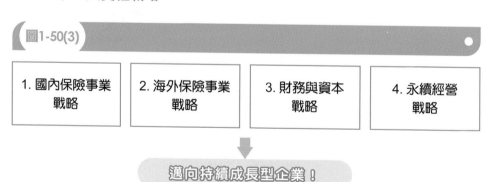

圖1-50(3)

| 1. 國內保險事業戰略 | 2. 海外保險事業戰略 | 3. 財務與資本戰略 | 4. 永續經營戰略 |

邁向持續成長型企業！

四、價值創造 process（流程）

圖1-50(4)

四大資本		成果
1. 人才 2. 財務 3. 智慧與know-how 4. 社會關係	1. 永續經營基盤 2. 公司治理 3. 客戶保單設計 4. 財務戰略	1. 顧客福祉 2. 員工福祉 3. 社會福祉 4. 股東福祉

個案
50

日本第一生命保險公司

個案 51　住友電工公司

一、支撐集團的 6 大經營基盤

圖1-51(1)

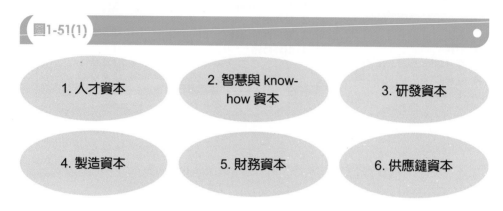

1. 人才資本

2. 智慧與 know-how 資本

3. 研發資本

4. 製造資本

5. 財務資本

6. 供應鏈資本

二、5 大事業群成長戰略

圖1-51(2)

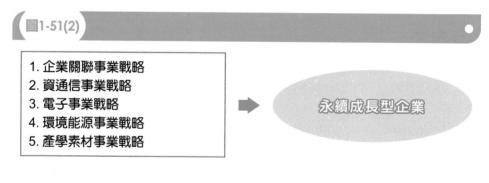

1. 企業關聯事業戰略
2. 資通信事業戰略
3. 電子事業戰略
4. 環境能源事業戰略
5. 產學素材事業戰略

➡ 永續成長型企業

三、基本資料

圖1-51(3)

- 年合併營收：3.85 兆日圓
- 年獲利：1,600 億日圓
- 獲利率：4%
- ROE：5.7%
- 員工數：2.8 萬人

個案 52　朝日食品控股公司

一、整體架構

圖1-52(1)

1. 價值觀	2. 企業價值鏈	3. 戰略	4. 成果
(1) 挑戰與革新 (2) 最高品質 (3) 感動共有	(1)R&D開發 (2)採購 (3)製造及物流 (4)銷售與行銷	(1)核心戰略 (2)事業經營組合 (3)戰略基盤強化 (4)中長期經營方針	• 價值創造 • 成長經營

二、事業經營組合（Business portfolio）的成長

圖1-52(2)

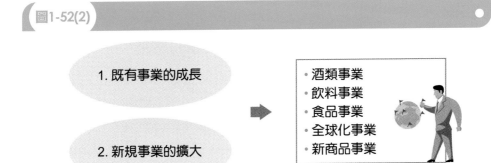

1. 既有事業的成長

2. 新規事業的擴大

- 酒類事業
- 飲料事業
- 食品事業
- 全球化事業
- 新商品事業

117

個案 53　三井商船航運公司

一、整體架構

圖1-53

（一）外部環境變化	1. 集團願景	1. 核心KPI指標
（二）集團強項	2. 邁向2035年的4大事業組合變革	2. 計劃 ● 投資計劃 ● 獲利計劃
	3. 3個主要戰略 (1) 事業組合戰略 (2) 地區性戰略 (3) 環境戰略	3. 永續課題

安全	人才
數位轉型	公司治理

具體永續計劃

個案 54　日本航空公司

一、願景 2030 年目標

圖1-54(1)

安全、安心、永續成長經營

二、經營戰略架構

圖1-54(2)

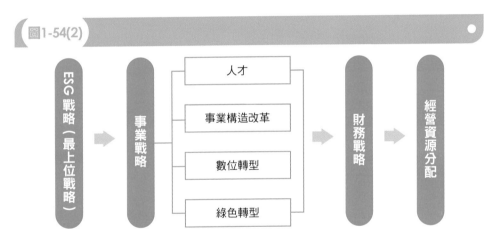

ESG 戰略（最上位戰略）　→　事業戰略

- 人才
- 事業構造改革
- 數位轉型
- 綠色轉型

→　財務戰略　→　經營資源分配

三、基本資料

圖1-54(3)

- 營收：1.17 兆日圓
- EPS：79 日圓
- EBITD：2,200 億日圓
- ROE：4.3%
- ROIC：3.3%

個案 55　日本 SONY 控股公司

一、年合併營收額占比

圖1-55(1)

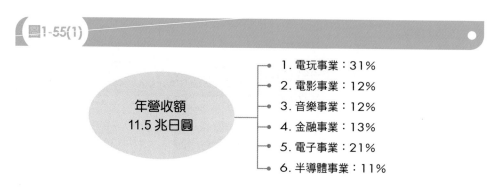

年營收額
11.5 兆日圓

1. 電玩事業：31%
2. 電影事業：12%
3. 音樂事業：12%
4. 金融事業：13%
5. 電子事業：21%
6. 半導體事業：11%

二、價值創造驅動力

圖1-55(2)

| 1. 創意 | ＋ | 2. 科技 | ＋ | 3. 多樣性 |

三、人才戰略：DEI

圖1-55(3)

D：Diversity（人才多樣化）
E：Equity（人才平等化）
I：Inclusion（人才包容化）

個案 56　大正製藥公司

一、整體架構

圖1-56(1)

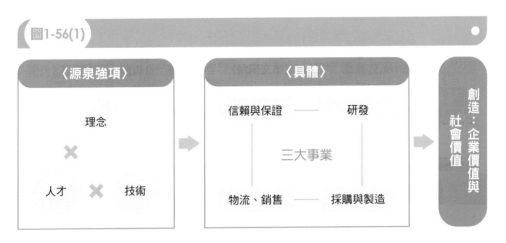

〈源泉強項〉

理念

✕

人才　✕　技術

〈具體〉

信賴與保證 ——— 研發

三大事業

物流、銷售 ——— 採購與製造

創造：企業價值與社會價值

二、基本資料

圖1-56(2)

・年營收：2,680 億日圓
・年獲利：107 億
・獲利率：4%

個案 57 川崎汽船航運公司

一、基本資料

圖1-57(1)

- 年營收額：7,570 億日圓
- 年獲利：6,575 億日圓

二、環境變化掌握

圖1-57(2)

1.航運市場環境變化	2.船舶投資環境變化	3.全球減碳化

三、成長牽引的 3 種事業船舶

圖1-57(3)

1.鋼鐵原料船舶	2.汽車船舶	3.LNG 瓦斯船舶

經營資源的集中且擴大投入

四、各船舶事業戰略表格

圖1-57(4)

	(1) 任務	(2) 戰略方向性	(3) 主要市場及客戶需求	(4) 優先課題	(5) 投入資源（Input）
1. 鋼鐵船舶事業					
2. 汽車船舶事業					
3.LNG 船舶事業					
4. 貨櫃船舶事業					
5.VLGC 船舶事業					
6. 電力炭船舶事業					

（註：LNG指液化天然氣運輸船；VLGC指雙燃料大型運輸船）

個案 58　神戶製鋼公司

一、公司基本資料

圖1-58(1)

1. 合併營收：2.47 兆日圓
2. ROIC：4.9%
3. ROE：8.4%
4. 員工人數：3.8 萬人
5. 全球：22 國
6. 子公司：251 家

7. 總資產：2.8 兆日圓
8. 資本額：8,300 億日圓
9. 設備投資：989 億日圓
10. R&D 費用：367 億日圓
11. IP 智產權數：8,115 件

二、價值創造流程

圖1-58(2)

1. 環境	2. Input	3. 3 大事業群	4. 成果
• 對事業所處環境的現狀認識 • 風險與機會	(1) 人才資本 (2) 財務資本 (3) 製造資本 (4) IP／研發資本 (5) 社會關係資本	純鋼材事業 集團總合力 機械鋼材事業　電力鋼材事業 • 多樣化事業的擴大開展	各類、多元產品產出、營收、獲利

三、集團總合力

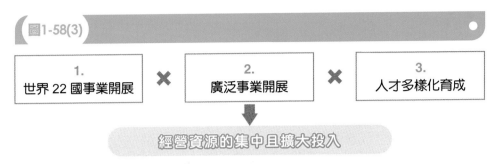

圖1-58(3)

| 1. 世界 22 國事業開展 | ✕ | 2. 廣泛事業開展 | ✕ | 3. 人才多樣化育成 |

經營資源的集中且擴大投入

四、中長期的集團重要課題

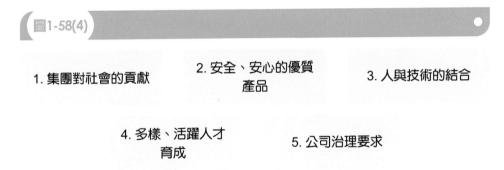

圖1-58(4)

1. 集團對社會的貢獻　　2. 安全、安心的優質產品　　3. 人與技術的結合

4. 多樣、活躍人才育成　　5. 公司治理要求

五、安全獲利基盤確立

圖1-58(5)

1. 純鋼材事業獲利基盤的強化　　2. 機械鋼材事業獲利的安定化　　3. 持續成長領域鋼材的戰略投資獲利

六、推進

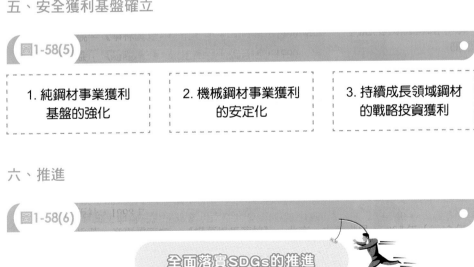

圖1-58(6)

全面落實SDGs的推進

個案 59　日本 JFE 控股公司

一、基本資料

圖1-59(1)

- 合併年營收：5.2 兆日圓
- 合併年獲利：2,358 億日圓
- 獲利率：4.2%

二、四大事業群

圖1-59(2)

1. 製鋼事業
2. 商社事業
3. 造船事業
4. 工程事業

三、外部大環境影響因素：風險與機會

圖1-59(3)

1. 氣候變化

2. 資源／能源問題

3. 少子化、老年化

4. 新興國家發展

5. 市場的全球化

6. AI 與 IoT 物聯網技術發展

四、Input 五大資本／資源

圖1-59(4)

1. 人才資本
- 總員工數：6.4萬人
- 每年教育訓練總時數：9萬小時

2. 財務資本
- 總資本額：2.19兆日圓

3. 智慧資本
- 研發費：430億日圓
- IP件數：2.7萬件

4. 製造資本
- 設備投資：3,256億日圓
- 據點數：全球22國家，116個據點

5. 社會關係資本
- 客戶數：2,400個客戶

五、集團永續經營委員會

圖1-59(5)

成立「集團永續經營委員會」，
定期向最高決策機構「董事會」報告

六、價值創造 process（流程）

圖1-59(6)

Input
- 前述五大資本、資源

4 大事業群
- 從量到質轉換
- 成長戰略推進
- 競爭力向上提升

1. 製鋼事業　　2. 商社事業

3. 造船事業　　4. 工程事業

- 經營上重要課題

成果
- 年營收：5.2兆日圓
- 年獲利：2,350日圓
- EPS：80日圓
- 減碳：13%
- 世界最高技術力

七、經營上九項重要課題與 KPI 指標

圖1-59(7)

1.
多樣化人才
確保與育成

2.
員工安全確保

3.
氣候變遷問題
解決貢獻

4.
生產實力與韌性
加強

5.
產品與服務的
競爭力提高及高附加
價值提升

6.
對員工人權的
重視

7.
公司治理的徹底

8.
集團持續成長的
實現

9.
成本競爭力提升

個案 60　新日本製鋼公司

一、基本資料

圖1-60(1)

- 合併年營收：8 兆日圓
- 合併獲利：8,000 億日圓
- 獲利率：10%

二、價值創造 process（流程）

圖1-60(2)

五大資本／資源投入	5 大事業群產銷活動	成果
	1. 國內製鋼事業 2. 海外事業 3. 原料事業 4. 鋼鐵集團事業 5. 非鋼3公司（工程技術、化學、材料）	● 多用途及豐富的鋼鐵製品與解決方案（汽車、造船、能源、家電、土木、建築、機械、容器等鋼品）

永續經營課題

三、願景

圖1-60(3)

世界最高技術、最優良鋼鐵產品及服務
提供者，並對社會發展有貢獻

四、公司重要課題

圖1-60(4)

1. 安全、環保、防災	2. 品質保證	3. 安定生產
4. 人才多樣化、人才育成及人才平等	5. 企業價值向上提升	6. 獲利確保及回饋股東

7. 公司治理徹底

五、中期經營計劃（**2027** 年）**4** 大支柱

圖1-60(5)

1. 國內鋼鐵事業再構築	2. 海外事業深化、擴大及全球化戰略推進	3. 獲利率再提升推進	4. 數位戰略推進

六、公司 **5** 大資本／資源

圖1-60(6)

1. 製造資本	**2. 人才資本**	**3. 智慧資本**
(1) 全球粗鋼生產能力： • 國內：4,700萬噸 • 海外：1,900萬噸 • 合計：6,600噸 (2) 有形固定資產：3兆日圓	(1) 合併員工數：10萬人 (2) 教育訓練每年總時數：80萬小時	(1) 每年R&D經費：700億日圓 (2) R&D人員：800人 (3) IP件數： • 國內：1.4萬件 • 海外：1.6萬件

4. 財務資本	**5. 社會關係資本**
(1) 總持有股本：4.1兆日圓 (2) 負債比：0.51	• 國內600家客戶

個案 61　日本郵船航運公司

一、基本資料

圖1-61(1)

1. 合併年營收：2.6 兆日圓
2. 全球據點：58 國
3. 船隻數：810 艘
4. 總員工數：3.5 萬人

二、6 大事業群

圖1-61(2)

1. 定期貨櫃船事業	2. 航空運送事業	3. 不定期的事業
4. 物流事業	5. 不動產事業	6. 其他事業

三、戰略

圖1-61(3)

使命（mission）

願景（vision）

價值（value）

經營戰略（business strategy）

四、公司 **4** 大戰略

圖1-61(4)

1.
成長領域事業要積極
投資、加速擴大

2.
ESG 的徹底貫徹

3.
人才與組織資本／
基盤強化

4.
減碳化加速

五、兩利經營（兩者並重）

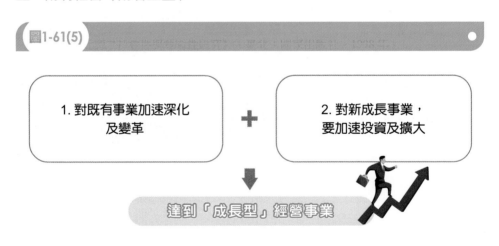

圖1-61(5)

1. 對既有事業加速深化
及變革

＋

2. 對新成長事業，
要加速投資及擴大

達到「成長型」經營事業

第二篇
企業成長戰略綜述

Chapter 1

外部大環境變化，
深深影響企業的成長戰略

外部大環境變化，深深影響企業的成長戰略

一、外部大環境的 22 個項目

外部大環境的變化與趨勢，都會深深影響任何企業的經營好壞及企業成長戰略，茲圖示如下 22 個大環境項目：

圖2-1(1)　外部大環境的 22 個項目

1 地緣政治變化影響	**2** 中美兩大國科技戰、貿易戰及競爭對立影響	**3** 全球經濟景氣、全球貿易狀況、外銷訂單狀況與影響	**4** 美國及全球各國大幅升息影響
5 全球通膨影響	**6** 台幣、美元、日幣、人民幣、歐元匯率變化影響	**7** 美國股市變化影響	**8** 全球化及地域化改變影響
9 全球減碳與環保要求	**10** 少子化／老年化／高齡化影響	**11** 年輕人不婚、不生化影響	**12** 國外旅遊化影響
13 貧富差距變大影響	**14** 年輕人低薪化影響	**15** 數位化、社群化、App化影響	**16** 全球供應鏈，從中國轉移到東南亞、印度、墨西哥影響
17 重要區域及新興國家崛起變化影響	**18** 俄烏戰爭影響	**19** 全球各產業激烈競爭狀況影響	**20** 國內外法規改變影響
21 國內外科技與技術變化影響	**22** 高房價、年輕人買不起房之影響		

二、外部大環境變化，帶來 2 大面向影響

如下圖示：

圖2-1(2)　2 大面向影響

1.有利影響 帶來機會與新商機		2.不利影響 帶來風險、威脅、危機

三、外部大環境變化，帶來不利的影響案例

如下圖示：

圖2-1(3)　外部環境變化，帶來不利的影響案例（風險、危機、威脅）

1. 少子化	2. 中美科技對抗	3. 全球升息
私立大學招生不足，不少私立大學及私立科大關門	先進晶片製造設備、技術及產品，均禁止銷往中國，少了生意	使企業貸款，消費者房貸及車貸利息負擔加重

4. 通膨	5. 全球經濟不佳、成長慢	6. 中美兩大國對抗
使消費者各項支出增加，影響消費能力	使台灣部分產業外銷訂單大幅減少，放無薪假	使美商、日商、台商部分逃離中國

7. 貧富差距大	8. 台幣貶值	9. 兩岸政治對立
使社會階層對立，年輕人不滿政府、不滿企業	使台灣進口商成本升高，進口產品價格也升高	● 中國禁止台灣農產品及漁產品出口大陸。 ● 中國取消ECFA對台關稅優惠，打擊到部分出口製造業

四、外部大環境變化下，帶來有利的影響案例

茲圖示如下：

圖2-1(4)　大環境變化下的有利影響案例

1. 老年化／高齡化
   對醫藥品、醫院、保健品、連鎖藥局等生意都很好

2. 新冠疫情結束
   出國旅遊、航空公司、大飯店、餐飲、零售等生意都很好

3. 高科技突破
   5G、AI等高科技突破，使電信業、AI晶片業、AI伺服器業生意都很好

4. 全通路發展
   線上＋線下全通路發展，使電商網購業者生意很好

5. 零售連鎖店拓展
   使消費者購買點更近、更方便；連鎖店生意更好

6. 日幣貶值
   使赴日旅遊人數加倍成長，日本旅遊經濟發展很好

7. 排碳、減碳化
   使地球及各國環保都更好

五、成立「環境偵測小組」應變

公司應成立一個新單位，可稱為「環境偵測小組」，由經營企劃部負責此小組的專責工作，並每月一次召開會議，向各部門一級主管及最高階長官報告每個月在國內及國外各種的外在環境的變化、改變、趨勢報告，並提出建議的應對方案，請董事長及總經理裁示。

圖2-1(5)　環境偵測小組

成立：
「環境偵測小組」

每月報告一次：國內外環境變化、趨勢及應對方案建議

Chapter **2**

E → S → S 環境三環制連動影響分析

一 何謂 E → S → S 三環制連動影響？
（環境→戰略→人力與組織結構的改變）

二 E → S → S 的實際案例

E → S → S 環境三環制連動影響分析

一、何謂 E → S → S 三環制連動影響？

所謂 E → S → S 三環制連動影響，如下圖示：

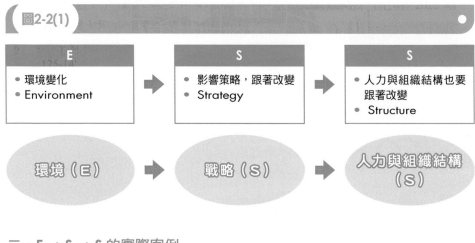

圖2-2(1)

E	S	S
• 環境變化 • Environment	• 影響策略，跟著改變 • Strategy	• 人力與組織結構也要跟著改變 • Structure

環境（E）　➡　戰略（S）　➡　人力與組織結構（S）

二、E → S → S 的實際案例

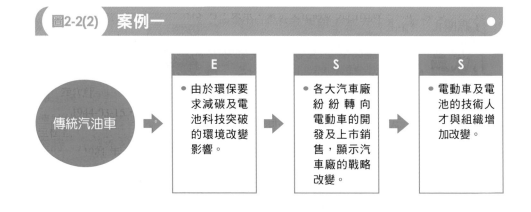

圖2-2(2)　案例一

傳統汽油車

E	S	S
• 由於環保要求減碳及電池科技突破的環境改變影響。	• 各大汽車廠紛紛轉向電動車的開發及上市銷售，顯示汽車廠的戰略改變。	• 電動車及電池的技術人才與組織增加改變。

圖2-2(3) 案例二

	E	**S**	**S**
傳統報紙媒體經營	• 現在,人不看報紙,報紙閱讀率及訂報數與廣告量,都大幅下滑,這是環境變化影響。	• 各大報社都轉向網路及手機新聞發展,以尋求活路,此代表戰略的改變。	• 報社紛紛成立新聞網路公司,並增聘網路新聞的記者、編輯及廣告業務部門;此顯示人力及組織結構改變。

圖2-2(4) 案例三

	S	**S**	**S**
傳統電視購物經營	• 傳統電視購物的客群老化及業績衰退。	• 富邦momo轉向網路購物(電商)發展,開發出新的一片新事業;其中,以momo電商最成功,年營收突破1,000億元。	• 富邦momo電商公司增加2,000多人的人力及各部門組織,負責電商經營,顯示人力及組織都改變。

圖2-2(5) 案例三

	E	**S**	**S**
傳統小坪數超商	• 環境改變,消費者有更大坪數門市店的需求產生。	• 統一超商及全家均改變戰略,朝向30～60坪大坪數門市店戰略拓展。	• 超商的展店業務部的人力、組織及方向也都跟著改變。

圖2-2(6) 案例五

	E	S	S
台灣台積電公司	• 過去，台積電公司均在台灣本地設立各晶片製造工廠，但如今，全球環境改變，美國、日本、德國都要求台積電赴當地國設立工廠的需求出現。	• 台積電的戰略也跟著改變；從台灣本土，走向全球設廠布局戰略，以迎合美國、日本、德國客戶及政府出面要求。	• 台積電現在增加很多人力，派赴美國、日本及德國去建廠及生產銷售。

Chapter 3

「快速展店」的成長戰略

「快速展店」的成長戰略

一、成功案例

茲列舉國內近幾年來，透過快速展店戰略而成長、成功的案例，如下圖示：

圖2-3(1) 「快速展店戰略」成功實例

1. 全聯超市 （1,200店） （全國第一大超市）	2. 統一超商 （7,100店） （全國第一大超商）	3. 全家 （4,200店） （全國第二大超商）
4. 王品餐飲 （320店） （全國第一大餐飲集團）	5. 寶雅 （400店） （全國第一大美妝及 生活雜貨店）	6. 大樹 （260店） （全國第一大連鎖藥局）
7. 路易莎 （500店） （全國最多家咖啡連鎖店）	8. 八方雲集 （1,000店） （全國第一大鍋貼及 水餃飲食店）	9. 麥味登 （900店） （全國第一大早餐店）
10. 美廉社 （800店） （全國第二大小型超市）	11. 好市多（Costco） 美式量販店 （14大店） （全國第一大美式量販店）	12. 遠東百貨＋SOGO 集團 （20大店） （全國最大百貨公司集團）
13. 大苑子 （230店） （全國第一大鮮果手搖飲）	14. 清心福全 （950店） （全國第一大茶手搖飲）	15. 三井 （6大店） （全國第一大outlet及 大型購物中心）
16. 築間餐飲 （170店） （全國第二大餐飲集團）	17. 饗賓餐飲 （全國最大Buffet自助餐廳 連鎖店）	18. 中華電信 （900店） （全國第一大電信門市店）

二、快速展店成長戰略的 8 項好處及優點

茲圖示如下快速展店戰略的 8 項好處及優點：

圖2-3(2) 快速展店戰略 8 項好處及優點

1.
可搶占好的門市店位址

2.
可在短時間內，提高市占率

3.
可打造出較高的競爭者進入門檻

4.
可保持市場領先／領導地位

5.
可達到經濟規模化效益，包括降低營運成本與提高效率

6.
可提早超過損益平衡點，提早獲利

7.
可較早深入消費者心中的品牌心占率

8.
可享有「先入市場者」(premarketer)的競爭優勢點

三、快速展店戰略成功 7 要件

茲圖示如下快速展店戰略的成功 7 要件：

圖2-3(3) 快速展店戰略成功 7 要件

1.
要組成強大展店業務部隊與人力組織，快速尋找好店址

2.
開店資金、財務能力要準備充足（子彈要足夠）

3.
儲備店長及店員要提早準備好

4.
門市店營運制度、SOP 制度要配合良好

5.
物流中心（北、中、南）要適時建設好，以及資金要準備好

6.
門市店 IT 資訊系統建置要配合良好

7.
行銷宣傳也要跟上

四、快速展店 3 種模式

快速展店的模式，可區分為 3 種；如下圖示：

圖2-3(4)

1. 全部直營店模式
（例如：全聯、寶雅、美廉社、家樂福、王品餐飲、瓦城餐飲……等。

2. 多數加盟店模式
（例如：統一超商、全家、八方雲集……等，以加盟店居多數）。

3. 直營＋加盟混合模式
（例如：路易莎、築間餐飲……等）。

五、快速展店戰略的適用行業

適合快速展店戰略的各行業，包括：

圖2-3(5) **適合快速展店戰略的行業**

1. 超商業（便利商店業）	2. 超市業	3. 量販店業
4. 美妝、藥妝連鎖店業	5. 藥局連鎖店業	6. 五金、居家連鎖店業
7. 家電、3C 連鎖店業	8. 百貨公司、購物中心、outlet 業	9. 生活百貨、生活雜貨連鎖店業
10. 各式各樣餐飲連鎖店業	11. 手搖飲業	12. 速食業
	13. 服飾連鎖店業	

Chapter **4**

多品牌成長戰略

多品牌成長戰略

一、多品牌戰略成功案例

「多品牌戰略」已被認為是一個成功且有助成長的戰略性手段；茲列舉如下企業成功案例：

圖2-4(1)　多品牌成長戰略的成功案例

1. 王品餐飲 25個品牌	**2. 瓦城餐飲** 6個品牌	**3. 築間餐飲** 6個品牌
4. 饗賓餐飲 8個品牌	**5.P&G 洗髮精** 4個品牌	**6.Unilever 洗髮精** 3個品牌
7. 豆府餐飲 4個品牌	**8. 統一泡麵** 10個品牌	**9. 統一茶飲料** 5個品牌
10. 統一鮮奶 2個品牌	**11. 統一醬油** 2個品牌	**12. 樂事洋芋片** 2個品牌
13. 桂格 4個品牌	**14. 王座餐飲** 5個品牌	**15. 永豐實衛生紙** 5個品牌
16. 優衣庫（Uniqlo） 2個品牌	**17. 萊雅集團** 15個品牌	**18.LV 集團** 10個品牌
19. 寶雅 2個品牌	**20. 晶華大飯店** 3個品牌	**21. 舒潔衛生紙** 2個品牌

二、多品牌戰略的優點及好處

如下圖示：

圖2-4(2)　多品牌戰略的 11 個優點及好處

1.
可涵蓋更多的區隔市場

2.
可增加總營收額及總獲利額

3.
可滿足更多不同需求的消費族群

4.
可提高市場占有率

5.
可搶占更多賣場陳列空間及位置

6.
可分散單一品牌的風險

7.
可促進組織內部良性競爭氣氛

8.
可大大提升產業競爭力及競爭優勢

9.
不怕消費品的品牌轉移製程

10.
可降低營運成本

11.
不怕部分產品老化及銷售衰退

三、多品牌戰略的 4 個注意點

多品牌成長戰略在執行上，應注意如下圖示的 4 個注意點：

圖2-4(3)　多品牌成長戰略的 4 個注意點

1
各品牌的定位，應有差異化、應該不同

2
各品牌之間的 TA（目標客群），也應有所不同

3
各品牌的特色點，盡可能有所區隔

4
各品牌的品牌識別及包裝設計，亦應有所不同

四、多品牌戰略的業績差別分類

　　多品牌實際操作時，其業績差別，可能會有三種，如下圖示：

圖2-4(4)

1. 主力品牌	2. 次要品牌	3. 落後品牌
・業績最好的品牌	・業績次好的品牌	・業績在危險邊緣

例如：
・王品餐飲集團生意最好的餐飲品類是：
(1) 小火鍋類：石二鍋、和牛涮……等
(2) 燒肉類：原燒……等 4 個品牌。
(3) 鐵板燒類：夏慕尼等 3 個品牌

Chapter **5**

深耕既有事業成長戰略

一 深耕既有事業成長戰略的成功案例

二 如何深耕本業？

深耕既有事業成長戰略

一、深耕既有事業成長戰略的成功案例

國內外大部分企業都是屬於深耕既有事業成長戰略的案例，如下圖示：

圖2-5(1) 深耕既有事業成長戰略的成功案例

1. 統一企業
- 深耕食品及飲料業而成長

2. 永豐實
- 深耕衛生紙及洗衣精而成長

3. 百貨公司
- 新光三越
- SOGO百貨
- 遠東百貨
- 均深耕本業成長

4. 大飯店
- 晶華
- 君悅
- 雲品
- 均深耕本業成長

5. 金控
- 國泰金
- 玉山銀行
- 中信金
- 均深耕本業而成長

6. 餐飲
- 王品、瓦城、饗賓、豆府、漢來、欣葉、乾杯
- 均深耕本業而成長

7. 全聯
- 深耕超市而成長

8.Panasonic（松下）
- 深耕家電本業而成長

9. 冷氣機
- 大金、日立均深耕冷氣機本業而成長

10. 旅行社
- 雄獅、鳳凰、山富
- 均深耕本業而成長

11. 大醫院
- 台大、榮總、長庚、北醫
- 均深耕本業而成長

12. 食品／飲料
- 統一、味全、愛之味、黑松
- 均深耕本業而成功

13. 機車
- 三陽、光陽
- 均深耕本業而成功

14. 汽車
- 和泰、中華車
- 均深耕本業而成功

二、如何深耕本業（既有事業）？

如何深耕既有事業？主要可從以下幾個面向著手：

圖2-5(2) 如何深耕本業（既有事業）成長

1. 持續擴大、擴張、延伸、增加升級、加值既有本業產品而成長

- 包括：新品牌、新產品、新包裝、新規格、新功能、新車型、新設計、新風格、新口味、新食材、新利益點

2. 持續門市店革新、變革而成長

- 門市店大店化、複合店化、店中店化

3. 持續改裝、提升裝潢、引進新專櫃而成長

- 各大百貨公司、各大購物中心、各大outlet

4. 合併同業而成長

- 合併同業，擴大規模
例如：
- 富邦銀行與台北銀行合併
- 國泰銀行與世華銀行合併

5. 收購同業而成長

- 利用收購、併購同業，以擴大本業
例如：
- 統一企業收購韓國熊津食品廠

MEMO

Chapter 6

開拓「新事業體」成長戰略

開拓「新事業體」成長戰略

一、成功案例

很多企業都是藉著開拓新事業領域，而逐步獲得更大的企業成長，如下圖示：

圖2-6(1) 開拓「新事業成長戰略」之成功案例

1.富邦集團
- 從銀行→金控→電信本業→momo電商→有線電視，成為集團型企業

2.統一企業集團
- 從食品／飲料→超商零售→百貨公司→量販業→建築業→證券業→美妝業→宅配業等，成為集團型企業

3.統一超商
- 從便利商店→美妝店→咖啡店→網購業等新事業發展

4.日本三井
- 從不動產大樓建設→大樓管理→outlet賣場→購物中心大賣場等新事業發展

5.遠東集團
- 從水泥、航運、紡織製造業→電信業→百貨零售業等集團化發展

6.廣達電腦
- 從電腦代工→伺服器代工→AI伺服器代工等新事業發展

7.桂格
- 從燕麥片→奶粉→橄欖油→滴雞精→保健食品等新事業成長

8.旺旺
- 從旺旺食品→中時、中天、中視等新事業成長

9.漢來
- 從漢來百貨公司→漢來大飯店→漢來美食等新事業成長

10.東森
- 從東森有線電視→東森電視台→東森電視購物→東森網路新聞→東森寵物等新事業發展

11.宏碁集團
- 從宏碁電腦→十家轉投資子公司均為上市公司等新事業成長

12.鴻海集團
- 從手機組裝代工→伺服器→電動車→半導體等新事業成長

13.《聯合報》
- 從平面報紙→聯合新聞網→聯合旅行社→聯合文創展演等新事業成長

14.和泰汽車
- 從TOYOTA汽車總代理→汽車銷售→汽車分期貸款→汽車產險等新事業成長

15.民視
- 從電視台→新聞台→娘家保健食品等新事業成長

二、開拓新事業成長的 5 種類型

茲圖示如下開拓新事業的 5 種類型：

圖2-6(2) 開拓新事業的 5 種類型

1. 開展週邊相關的新事業

2. 開展完全不相關的新事業

3. 開展生態圈相關的新事業

4. 開展多角化的新事業

5. 開展新技術、新創造的新事業

三、開拓新事業的 8 個特質與條件

企業要朝向新事業開展的應具備 8 個特質與條件，如下圖所示：

圖2-6(3) 開展新事業應具備 8 個特質與條件

1. 具未來性	2. 具成長性	3. 具長遠性	4. 具戰略地位性
5. 具前瞻性	6. 具規模性	7. 具獲利性	8. 具競爭優勢性

全力朝向：新領域、新事業探索，投入及開拓前進！

四、開拓新事業、新領域成長特別成功案例分析

圖2-6(4)

案例 1 統一企業

• 統一企業 35 年前，開拓統一超商新事業經營，如今統一超商每年營收超過 1,800 億元，獲利超過 80 億元；此數字均已超過統一企業母公司的食品飲料本業

案例 2 富邦集團

• 富邦開展 momo 電商新事業經營，如今 momo 年營收已達 1,000 億元，已超過富邦母公司電信事業的年營收本業，可謂相當成功的開拓新事業

案例 3 民視

• 民視開拓娘家保健食品，年營收超過 10 億元，獲利超過 3 億元，此獲利額已超越民視本業獲利才 2 億元，也非常成功

案例 4 遠東集團

• 遠東集團原本為水泥、航運及傳產製造業，後來轉投資開拓電信事業及零售百貨事業，成果均很好、很大，其營收及獲利也超過本業甚多

Chapter **7**

多元化價位（高、中、低價格）成長戰略

一　多元化價位成長戰略的成功案例

二　多元價位成長戰略的好處與優點

多元化價位（高、中、低價格）成長戰略

一、多元化價格的成長戰略成功案例

很多企業運用多元化（高、中、低）價格來達成它們的成長戰略，如下圖示：

圖2-7(1) 多元化價格成長戰略成功案例

1. 和泰汽車
- 高價位車：200萬～600萬元（Century SUV、Lexus LM、Alphard、Crown、RAV4）
- 中價位車：90～150萬
- 低價位車：60萬～85萬（Yaris、Cross、Altis、VIOS、TOWN-ACE）

2. 王品小火鍋
- 有6個品牌，每人價格在250元～2,000元之間，含括高、中、低價位小火鍋

3. 王品燒肉
- 有4個品牌，每人價位在350元～1,500元之間，含括高、中、低價位燒肉

4. 饗賓自助餐
- 有4個品牌，每人價位在1,000元～4,000元之間。
- 包括：饗食天堂、饗饗、饗A、旭集等4種高、中價位自助餐

5. 統一超商便當
- 鮮食便當，中價位在70～90元之間，高價位在90～120元之間

6. 統一超商咖啡
- 統一超商的CITY CAFE低價格（40～50元），CITY PRIMA精品中價咖啡在80元

7. 晶華大飯店
- 晶華及晶英大飯店，房價每晚在4,000～6,000元之間高價位；另外，捷絲旅品牌商務旅館則在2,000元的中價位

8. 雄獅旅遊
- 含括高、中、低三種價位的旅遊行程；頂級旅遊一趟要價20萬～50萬元

9. 漢來自助餐
- 有1,000元左右的中價位自助餐漢來海港；也有漢來島語的2,200元高價位自助餐

10. 麥當勞漢堡
- 含括高、中、低價位的大小及不同食材的漢堡；從低價50元到高價200元漢堡均有

11. 三星手機
- 含括三星A系列的中價位手機，以及三星S系列與三星Z系列的高價手機

12. 寬宏演唱會
- 因座位地區的不同，而有高、中、低售票價格的區別

二、多元價位成長戰略的好處與優點

如下圖示：

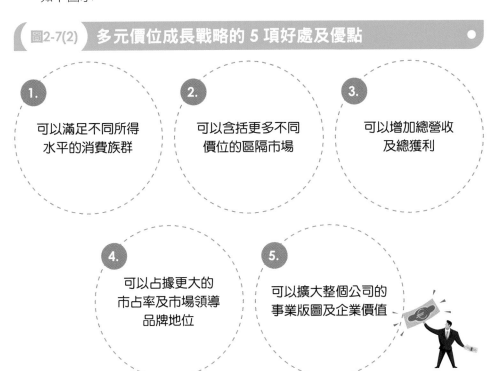

圖2-7(2) 多元價位成長戰略的 5 項好處及優點

1. 可以滿足不同所得水平的消費族群

2. 可以含括更多不同價位的區隔市場

3. 可以增加總營收及總獲利

4. 可以占據更大的市占率及市場領導品牌地位

5. 可以擴大整個公司的事業版圖及企業價值

MEMO

Chapter 8

創造新需求、新市場成長戰略

一 創造新需求、新市場而成長的 20 個成功案例

二 從市場與技術兩大面向，看企業成長 4 種可能性

創造新需求、新市場成長戰略

一、創造新需求、新市場成功案例

有愈來愈多企業，就是透過「創造新需求、新市場」的戰略，而獲得企業成長的成功案例，如下圖示：

圖2-8(1) 創造新需求、新市場而成長的企業

1. 蘋果 iPhone、iPad、Apple watch	2. 美國及中國電動車	3. 5G 電信服務
• 17年前，蘋果Apple公司首創iPhone智慧型手機及平板電腦，打開一個全新市場而大幅成長	• 七年前，美國Tesla（特斯拉）首創電動車上市，轟動全球；中國比亞迪汽車也緊跟而超前，創造全新汽車市場	• 近幾年來，國內3大電信公司均力推5G電信服務，成為一個新市場，而使企業成長

4. 連鎖藥局	5. 大型 outlet 及大型購物中心	6. 美式大賣場
• 大樹、杏一等公司均大力推動連鎖藥局，也算是創造新需求及新市場	• 日本三井集團為國內大力投資6家大型outlet及lalaport購物中心，創造出國人對此等行業之新需求及新市場	• 美國Costco（好市多）帶進台灣14家大型美式賣場，也帶動國內新需求及新市場，而使企業成長

7. 便利商店	8. 美妝生活雜貨店	9. 有線電視台
• 國內統一超商及全家，也創造不少新需求及新市場，例如：超商咖啡、超商鮮食便當、夯地瓜、霜淇淋等均是	• 寶雅首創國內第一大的美妝及生活雜貨店，也屬創造新需求及新市場典範	• 1993年國內電視台解禁，很多業者搶進有線系統台及有線電視台，開了此類行業的新市場及新需求

10. 網路新聞

- 過去很多報紙媒體均轉向網路新聞發展；甚至傳統有線電視台也轉往此類而經營，均是帶動新需求及新市場

11. 軍工產業

- 由於兩岸緊張及中美兩大國競爭對立，使台灣軍工產業大幅成長，包括：造船、航太、無人機等，均創造出新市場出來

12. 社群媒體

- 20年前，均無社群媒體，而美國臉書公司首創FB及IG，Google公司也首創Google及YouTube等，均屬創造新需求及新市場

13. LINE

- 十多年來，日本LINE公司開創出手機LINE的通訊功能、群組留言功能、閱讀功能，算是創造出新需求及新市場典範

14. AI（人工智慧）

- 近幾年，美國NVIDIA（輝達）公司掀起了AI時代來臨，使AI晶片、AI伺服器爆紅，創造新需求及新市場，台灣電子廠商受益很大

15. 新店裕隆城

- 近年，在新北市新店地區開展了裕隆城大型賣場，創造了新店及文山地區的百貨賣場及餐飲賣場的新市場

16. momo 電商

- 近十年來，富邦momo快速崛起，創下了年營收超過1,000億之佳績，算是成功創造出新需求及新市場，而使企業成長

17. SOGO 大巨蛋館

- 近年SOGO百貨開出台北大巨蛋館，面積3.5萬坪，創造出東區及信義區的百貨新需求及新市場

18. 超商大店化

- 近十年來，統一超商及全家都朝向超商大店化發展，成功開拓出新需求及新市場，而使企業成長

19. 火鍋連鎖店

- 王品餐飲集團成功推出6個火鍋店品牌，創造出新需求及新市場，而使企業快速成長

20. Buffet 自助餐廳

- 饗賓餐飲集團，近五年來，成功推出4個Buffet吃到飽自助餐廳，也算是開拓出新需求及新市場

二、從市場與技術兩大面向，看企業成長 4 種可能性

若從市場與技術兩大面向，可看出企業追求成長的 4 種可能性，如下圖示：

圖2-8(2)

	原有市場（既有市場）	新市場
原有技術	4. 以原有技術深耕原有市場（例如：食品／飲料）	1. 以原有技術，創造新市場（例如：變頻省電冷氣機、電冰箱）
新技術	3. 以新技術攻入既有市場（例如：電動車）	2. 完全創造出新技術與新市場（例如：智慧型手機）

Chapter 9

推出新產品上市成功的
成長戰略

一 新產品上市成功、成長案例

二 新產品開發及上市的兩種分類

三 新產品開發及上市成功，應具備的 9 大要點

推出新產品上市成功的成長戰略

一、新產品上市成功、成長案例

茲列舉如下案例,他們透過新產品上市成功而帶動企業業績成長的好案例:

圖2-9(1) 新產品上市成功帶動成長的案例

1. Dyson
- 高價吸塵器、吹風機

2. 7-11
- CITY CAFE
- CITY PRIMA
- CITY奶茶
- 星級饗宴鮮食

3. 全家
- 夯地瓜
- 匠土司
- 霜淇淋

4. 五月花
- 五月花厚棒、極上衛生紙

5. 麒麟
- Bar啤酒

6. 朝日
- Super Dry啤酒

7. 全聯
- 高價吸塵器、吹風機

8. 統一企業
- 濃韻茶飲料
- 統一3D保健食品

9. 聯華食品
- 萬歲牌腰果

10. 可口可樂
- 原萃綠茶

11. 愛之味
- 純濃燕麥

12. 和泰汽車
- Cross
- Town-ACE
- Lexus LM
- RAV4

13. 三陽機車
- JET
- 新迪爵

14. 味全
- 農榨果汁

15. 手機
- iPhone 15
- 三星S23

二、新產品開發及上市的兩種分類

茲圖示如下：

圖2-9(2)

1. 改良型、升級版、加值型產品上市	2. 全新產品上市
例如： (1) iPhone1～iPhone15每年推出一款改良型新手機 (2) 三星S1～S23每年也推出改良版新手機	例如： (1) 17年前，iPhone新手機推出 (2) 8年前，Tesla（特斯拉）電動車新推出 (3) 2年前，ChatGPT生成式AI出現。 (4) 2年前，TOYOTA全新高價車推出（Crown、Alphard、Century SUV、Lexus LM）

均能有效帶動企業營收及獲利成長！

三、新產品開發及上市成功，應具備的 9 大要點

如下圖示：

圖2-9(3)　新產品開發及上市成功，應具備的 9 大要點

1. 能滿足顧客的真正需求、期待與驚喜	2. 充分顧客市調	3. 高 CP 值感與值得感
● 新產品必須是顧客有需求的、想要的、有期待性的、會驚喜的、會滿足的。	● 新產品從產品最初創意構想、到初步試做品、到完成品過程中，均須做好充分顧客市調意見，並依此而改良。	● 不管是低價、中價、高價，新產品必須讓顧客感到高CP值及值得感受。

4. 高品質、高顏值	5. 強力廣告宣傳	6. 做好口碑行銷
● 新產品必須堅持高品質之外，另須有高設計感、高顏值感、豪華感、喜愛感。	● 新產品仍須強力廣告宣傳，以及足夠的廣宣預算編列，才能一炮而紅。	● 新產品要社群平台及人際間，必須有正評及好口碑傳出，做好口碑行銷，人人都說好產品。

7. 藝人代言	8. 全通路上架	9. 比競爭對手產品更棒、更好
● 新產品若預算夠，可找具足夠吸引力的一線藝人，做廣告代言人，以更吸引人目光注意此產品。	● 新產品如同一般產品，也必須要做到線上＋線下全通路上架，以方便顧客方便、快速買得到此新產品。	● 我們的新產品，必須做到比競爭對手更完美、更好、更棒，要超越競爭對手。

MEMO

Chapter 10

舉辦促銷活動，帶動業績成長戰略

舉辦促銷活動，帶動業績成長戰略

一、促銷活動對百貨零售業、連鎖店業、消費品業、服務業都很重要

定期的節慶促銷活動，對各行各業的業績銷售都有重大影響，特別是下列行業，影響更大：

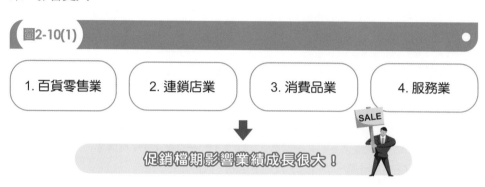

圖2-10(1)

| 1. 百貨零售業 | 2. 連鎖店業 | 3. 消費品業 | 4. 服務業 |

促銷檔期影響業績成長很大！

例如：一個週年慶 14 天活動，就占百貨公司整個年度營收的 25% 之高；而化妝保養品的週年慶業績，更占高達 30% 之高。

二、促銷活動成功帶動業績成長案例

如下圖示：

圖2-10(2) 促銷活動成功案例

1. 百貨公司週年慶
- 新光三越：達成206億業績
- SOGO：達成110億業績

2. 星巴克
- 咖啡買一送一促銷

3. 麥當勞
- 1＋1＝50元促銷活動

4. 7-11
- 59元低價國民便當促銷

5. 全聯／家樂福
- 中元節慶全店八折促銷

6.momo 電商
- 雙11節促銷
- 雙12節促銷
- 年中慶促銷

7. 百貨公司媽媽節慶
- 全館八折促銷

三、重要促銷節慶 17 個時機點

如下圖示：

圖2-10(3)

1. 週年慶（10 月～ 12 月）
2. 媽媽節慶（5 月）
3. 過年春節慶（1 ～ 2 月）
4. 中秋節（9 月）
5. 中元節（8 月）
6. 爸爸節（8 月）
7. 情人節（2 月／ 7 月）
8. 年中慶（6 月）
9. 聖誕節（12 月）
10. 元宵節（2 月）
11. 暑假慶（7 ～ 8 月）
12. 春季購物節（4 月）
13. 清明節（4 月）
14. 秋季購物節（10 月）
15. 冬季購物節（12 月）
16. 勞工節（5 月）
17. 兒童節（4 月）

四、促銷的 16 種手法

主要促銷手法，有如下圖示：

圖2-10(4)

1. 買一送一（打五折）
2. 全面八折、五折
3. 滿萬送千、滿千送百
4. 滿額贈（好禮三選一）
5. 買 2 件，六折算
6. 第 2 件，八折算
7. 千萬大抽獎
8. 加 1 元，送一件
9. 買就送折價券
10. 來店禮
11. 刷卡禮
12. 集點送贈品
13. 加價購
14. 破盤價
15. 特惠價組合
16. 紅利點數加倍送

五、促銷 8 大功能、目的

促銷活動，可達成下列功能：

圖2-10(5)

1.
提振業績

2.
去化庫存品、
過季品

3.
增加現流

4.
避免業績衰退

5.
達成年營收
目標

6.
避免市占率被
瓜分

7.
搭配新品上市
需求

8.
回饋會員、鞏固
會員、加強會員
黏著度

Chapter 11

大型零售商推出PB（自有品牌） 產品成長戰略

一 PB（自有品牌）產品成功案例

二 零售商推自有品牌的好處

大型零售商推出 PB（自有品牌）產品成長戰略

一、PB（自有品牌）產品成功案例

茲圖示如下：

圖2-11(1) 零售商 PB（自有品牌）產品成功案例

1. 日本永旺（AEON）零售集團

- 推出「TOPVALU」PB產品，年業績達9,000億日圓，占全部業績10％，很成功。

2. 美國好市多（Costco）量販店

- 推出柯克蘭（Kirkland）PB產品，年業績占全部營收25%之高，很成功。

3. 統一超商

- 思樂冰
- 關東煮
- 統一麵包
- CITY CAFE
- CITY PRIMA
- CITY現萃茶
- CITY奶茶
- Unidesign
- iseLect
- 7-11便當
- 星級饗宴便當

4. 全聯超市

- 阪急麵包
- We sweet甜點
- 美味屋冷藏食品及滷味

5. 全家超商

- Fami霜淇淋
- 匠土司
- minimore甜點
- 夯地瓜
- FamilyMart便當

6. 家樂福量販店

- 家樂福超值（餅乾、泡麵、雞蛋、衛生紙、零食、蔬菜、礦泉水、牙線……等）

7. 屈臣氏

- 活沛多
- Watson

8. 康是美

- 利維捷保健食品

9. 寶雅

- ibeauty美研飲
- 寶雅米餅

二、零售商推自有品牌的好處

如下圖示：

圖2-11(2)

1.

可提高產品獲利率

2.

可創造店內差異化

3.

可增加營收額

4.

可推平價商品，
滿足低收入顧客需求

5.

可避免受制於全國性
品牌的製造商

MEMO

Chapter 12

布局全球與開拓海外市場的成長戰略

布局全球與開拓海外市場的成長戰略

一、布局全球的成功案例

茲圖示如下跨國大企業，在布局全球的成功案例：

（一）日本企業布局全球

圖2-12(1)

1. 豐田（TOYOTA）汽車
2. 日產（NISSAN）汽車
3. 本田（HONDA）汽車
4. 三菱汽車
5. 馬自達汽車
6. Canon（佳能）
7. Nikon（尼康）
8. Ricoh（理光）
9. 三井集團
10. 三菱集團
11. 住友集團
12. 伊藤忠集團
13. 丸紅商社
14. 豐田通商
15. 新日本鋼鐵
16. 三得利
17. 日清泡麵
18. TOTO
19. 伊藤園
20. 麒麟（KIRIN）
21. 永旺（AEON）
22. FamilyMart
23. 日本 7-11
24. 朝日
25. 松本清
26. 小林製藥
27. 唐吉訶德
28. 資生堂
29. 花王
30. SONY
31. Panasonic（松下）
32. 象印

（二）美國企業布局全球

圖2-12(2)

1. Apple
2. Google
3. 微軟
4. Meta（臉書）
5. NVIDIA
6. AMD

7. 星巴克
8. 麥當勞
9. Costco（好市多）
10. Walmart
11. 雅詩蘭黛
12. P&G

（三）歐洲企業布局全球

圖2-12(3)

1. Benz 汽車
2. BMW 汽車
3. 保時捷汽車
4. LV 精品
5. Chanel 精品
6. HERMÈS 精品
7. ROLEX 手錶
8. PP 錶
9. Zara
10. H&M

11. Audi 汽車
12. VW 汽車
13. VOLVO 汽車
14. Unilever 消費品
15. 雀巢
16. 萊雅彩妝
17. 蘭蔻彩妝
18. Sisley 彩妝
19. LA MER 彩妝
20. Prada 精品

（四）台灣企業布局全球

圖2-12(4)

1. 台積電
2. 廣達
3. 和碩
4. 仁寶
5. 英業達
6. 緯創
7. 鴻海

8. 聚陽
9. 六角國際
10. 統一企業中國
11. 鼎泰豐
12. 光陽機車
13. 三陽機車

（五）韓國企業布局全球

圖2-12(5)

1. 三星
2. LG
3. 現代汽車

4. 起亞汽車
5. 樂天百貨

二、兩種資金股權模式

如下圖示：

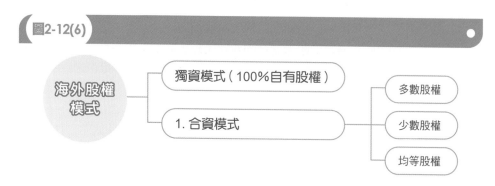

圖2-12(6)

海外股權模式

獨資模式（100%自有股權）

1. 合資模式

多數股權

少數股權

均等股權

上述模式中，以「獨資模式」較為常見，因為能 100%決策自主，不受合資夥伴的干涉。

三、4 種海外事業營運模式

如下圖示：

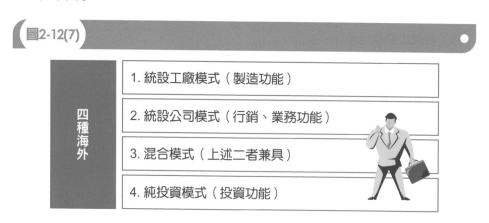

圖2-12(7)

四種海外

1. 統設工廠模式（製造功能）

2. 統設公司模式（行銷、業務功能）

3. 混合模式（上述二者兼具）

4. 純投資模式（投資功能）

四、全球化人才的在地化趨勢

全球化人才的應對方式，有 2 種，如下圖示

圖2-12(8)

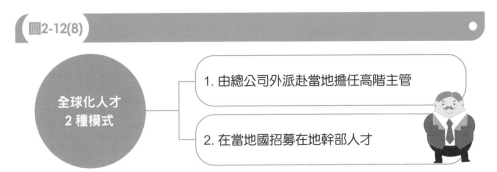

全球化人才
2 種模式

1. 由總公司外派赴當地擔任高階主管

2. 在當地國招募在地幹部人才

由於各企業總公司可以外派海外當地的高階主管人才愈來愈不夠用，因此，現在跨國企業都傾向在當地國招聘當地的幹部人才，此即：「全球視野，在地人才」的趨勢。

MEMO

13

產品多元化、多樣化成長戰略

產品多元化、多樣化成長戰略

一、產品多元化、多樣化成長戰略成功案例

很多企業都是藉著「產品多元化、多樣化」，而達成業績成長的好案例，如下圖示：

圖2-13(1) 產品多元化、多樣化成長戰略案例 ●

1. 統一企業	2. 味全公司	3. 愛之味
• 已成為綜合性、多元化的食品／飲料公司。產品包括：泡麵、鮮奶、茶飲料、布丁、優酪乳、咖啡、果汁、醬油、保健品、香腸、水餃、豆漿等二十多種產品。	• 產品也非常多元化，包括：味精、醬油、鮮奶、雞蛋、果汁、咖啡等。	• 產品包括：各式罐頭食品、麥茶、燕麥飲、分解茶等，十多種產品。

4. 和泰汽車	5. 新光三越、SOGO、遠東百貨	6. 寶雅
• 包括：一般車、休旅車、豪華車、輕型商用車等四大類用車，品牌數高達10多個，可謂非常多元化、多樣化。	• 各式各樣餐飲品牌及國內外各式各樣彩妝品、保養品、香氛品、精品、家電品、服飾品，非常多樣化的專櫃組合。	• 含括：彩妝品、保養品、生活雜貨品、食品、飲料、日常用品、消費品等十足多樣化產品組合。

7. 新店裕隆城百貨賣場	8. 大樹連鎖藥局
• 包括：誠品書店、威秀影城、各式餐飲、各式產品專櫃等多元化組合。	• 包括：藥品、保健食品、營養食品、母嬰產品、老人產品等非常多樣化產品組合。

二、不斷進行「產品組合優化」及「產品組合多樣化」，以提升業績及坪效

很多製造業及連鎖零售業，都經常性進行「產品組合」（product portfolio）的「優化」及「多樣化」工作，以有效拉升業績及坪效，達到績效再提升目標。所謂「優化」，就是指「汰劣留優」，把不賺錢的、沒未來性的、沒成長性的，將很低獲利性的產品淘汰掉、關掉，而換上能夠賺錢的產品。

圖2-13(2) 不斷進行「產品組合優化」及「多元化」

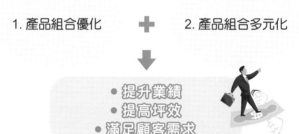

1. 產品組合優化 ✚ 2. 產品組合多元化

● 提升業績
● 提高坪效
● 滿足顧客需求

三、產品依業績狀況，可區分 A、B、C 三種等級產品

一般來說，不管是製造商或連鎖零售商，大致可將產品的每月、每年業績，區分為 3 種等級，如下圖示：

圖2-13(3) 產品依業績區分為 3 種等級

A 級產品	B 級產品	C 級產品
● 經典款、明星產品、戰略產品，很賺錢的，占比較大的。	● 賺錢普通的、競爭很激烈的。	● 在損益邊緣，無法再救起來，但還沒虧損的。

MEMO

Chapter **14**

代理進口品牌成長戰略

代理進口品牌成長戰略

一、代理進口品牌成長戰略案例

有些企業是以代理國外進口品牌，而使企業成長的案例，如下圖所示：

圖2-14 代理進口品牌成長戰略案例

1. 恆隆行	2. 和泰汽車	3. 汎德公司
• 代理英國Dyson吸塵器、吹風機而暴紅。	• 代理日本TOYOTA及Lexus知名品牌汽車而成長，國內市占率高達33%。	• 代理德國BMW汽車，而成功上市櫃。

4. 三陽公司	5. 裕益汽車	6. 永業公司
• 代理韓國現代汽車而成長。	• 代理三菱FUSO貨車而成長。	• 代理保時捷汽車而成長。

7. 滿心企業	8. 中華汽車	9. 欣臨企業
• 代理日本品牌服飾而成長。	• 代理英國MG汽車而成長。	• 代理國外十多種食品而成長。

10. 翔順公司	11.Ten over Ten（10/10）
• 代理歐美保養品、彩妝品而成長。	• 代理歐洲保養品、香氛品而成長。

Chapter 15

子公司 IPO 成長戰略

子公司 IPO 成長戰略

一、子公司 IPO 成長戰略案例

有一些企業集團透過旗下子公司及孫公司申請 IPO 上市櫃公司，達成其成長戰略目標，如下圖示：

圖2-15 子公司 IPO 成長戰略案例

1. 宏碁集團	2. 富邦集團	3. 遠東集團	4. 統一企業
(1) 宏碁（母公司） (2) 展碁國際 (3) 安碁資訊 (4) 建碁公司 (5) 倚天酷碁 (6) 宏碁遊戲 (7) 宏碁智醫 (8) 宏碁創達 (9) 博瑞達 (10) 海柏特 (11) 宏碁資訊	(1) 富邦金控（母公司） (2) 台灣大哥大電信 (3) 富邦momo電商公司	(1) 遠東銀行 (2) 遠傳電信 (3) 遠東百貨＋SOGO百貨 (4) 其他傳統製造業	(1) 統一企業 (2) 統一超商 (3) 其他公司 

Chapter 16

技術創新與技術領先的
成長戰略

技術創新與技術領先的成長戰略

一、唯有技術創新與領先，才能確保公司持續成長

在高科技公司領域，要尋求企業或集團的持續成長，很大一部分必須仰賴在「技術力」的要素，那就是要持續性的「技術創新」與「技術領先」才行。

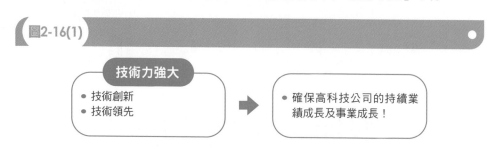

圖2-16(1)

技術力強大
- 技術創新
- 技術領先

➡

- 確保高科技公司的持續業績成長及事業成長！

二、技術創新與領先的成功案例

圖2-16(2)

1. 台積電	2. 大立光	3. 廣達電腦	其他公司
• 持續在先進晶片的技術及製造上，取得世界級領先地位。	• 在手機鏡頭技術先進領域，取得全球領先地位。	• 在最新AI伺服器領域，取得技術領先地位。	• 聯發科公司 • 台達電公司 • 緯創／緯穎公司 • 和碩公司 • 英業達公司 • 仁寶公司 • 美國特斯拉（Tesla）電動車公司

三、5 種重要的技術層次

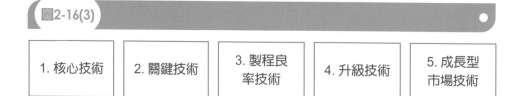

圖2-16(3)

1. 核心技術	2. 關鍵技術	3. 製程良率技術	4. 升級技術	5. 成長型市場技術

Chapter 17

人才戰略與企業成長戰略
密切連結

人才戰略與企業成長戰略密切連結

一、人才戰略與成長戰略相一致配合

　　企業的人才戰略方向，必須考量到企業未來中長期成長戰略的人才需求才行，做好招募、育成、留住企業未來各式各樣的人才需求滿足，就是人力資源部門最大的任務。

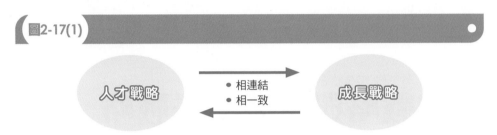

圖2-17(1)

| 人才戰略 | • 相連結　• 相一致 → ← | 成長戰略 |

二、人才戰略 3 個重點課題

　　人才戰略的 3 個重點課題如下：

圖2-17(2)

1. 未來性人才：	2. 人才多樣化：	3. 全球化人才：
• 聚焦及集中在公司未來中長期（5～10年）的重點人才需求。	• 著重在人才多樣化、多元化的技能與知識。	• 著重在人才全球化，可外派人才及當地人才尋覓與培養。

三、各大企業重要性與未來性人才需求案例

茲圖示如下案例：

圖2-17(3)

1. 王品餐飲集團

- 各類餐飲人才（各類主廚、店長、區經理、品牌長）

2. 日本 TOYOTA 汽車

- 對「電動車」為主力的技術、開發、設計、行銷及銷售的專業人才。

3. 大樹藥局連鎖店

- 藥劑師人才、展店業務人才、店長人才、區經理人才。

4.momo 電商

- 商品開發人才、物流人才、IT資訊人才、行銷人才等。

5. 統一企業

- 食品／飲料開發人才、零售業經營人才、電商經營人才等。

6. 廣達電腦

- 對未來AI伺服器的研發、技術與製造人才等。

7. 台積電

- 未來可派赴美國廠、日本廠、德國廠的製人才、品管人才、研發人才及營運人才等。

8. 和泰汽車

- 對汽車及週邊相關多樣化事業的相關經營人才及行銷人才。

9. 遠東集團

- 對未來型百貨公司、超市、量販店、購物中心等零售業的經營人才、行銷人才及管理人才。

MEMO

Chapter **18**

負責「企業成長戰略」的幕僚規劃單位

負責「企業成長戰略」的幕僚規劃單位

一、負責企業成長戰略規劃單位的名稱

企業內部負責中長期企業成長戰略規劃的幕僚單位名稱，大致有以下四種：

圖2-18(1) 負責企業成長戰略規劃單位的名稱

1. 經營企劃部　或　2. 策略規劃部　或　3. 戰略企劃部　或　4. 企業戰略規劃委員會

二、「經營企劃部」的歸屬單位

通常「經營企劃部」的歸屬單位，主要有幾個可能，如下圖示：

圖2-18(2) 經營企劃部的歸屬單位

1. 歸屬：「董事長室」	或	2. 歸屬：「總經理室」
3. 歸屬：「執行長室」	或	4. 獨立為一個部門：「經營企劃部」

或

三、「經營企劃部」的主要工作職掌

　　如下圖示：

圖2-18(3)　「經營企劃部」的工作職掌　　　　　　　　　　　　●

1

負責集團或公司的「短、中、長期經營戰略規劃」報告書

2

負責上市櫃公司每年「年報」及「永續報告」的撰寫

3

負責每個新年度的「年度經營計劃書」撰寫及規劃

4

負責對外併購或收購的專案任務執行

5

負責全球布局的戰略規劃報告書

6

負責年度損益計劃達成的追蹤及考核工作

7

負責「新人訓練班」集團簡介授課

8

負責與外界公司策略合作專案推動

9

負責每季外部大環境變化之監測、分析與建議工作

10

負責新事業領域發展之資料搜集、分析、研判與建議工作

MEMO

Chapter **19**

獲利結構改善暨獲利成長戰略

一 改善獲利結構的 7 種方法

二 成立專責單位：「提高獲利專案推動委員會」

獲利結構改善暨獲利成長戰略

一、改善獲利結構的 7 種方法

很多企業都不斷強調要加速改善獲利狀況,並訂下未來獲利成長的目標,茲圖示如下幾種改善獲利結構的方法:

圖2-19(1) 改善獲利結構的 7 個方法

1. 關掉不賺錢產品線

• 要斷然關掉不賺錢或賺錢很少的事業部或產品線,不要浪費公司資源在這些單位上。

2. 積極開拓高獲利事業

• 要積極開拓具未來性及較高獲利性的新事業部或新產品線發展推進。

3. 降低採購成本

• 要努力降低原物料及零組件的採購成本。

4. 引進自動化/ AI 化製造設備

• 要引進自動化、AI 化最新製造設備,以降低現場生產人力成本及製造成本。

5. 精簡冗員

• 要精簡、遣散在第一線或幕僚的冗員,有效降低人力成本。

6. 拉高附加價值

• 要提升技術力及研發力,以有效拉升產品的高附加價值,藉以拉高售價及利潤。

7. 不追求營收擴大,而追求提升獲利

• 在戰略大方針上,不追求營收額的擴大,而是追求獲利的提升。

二、成立專責單位：「提高獲利專案推動委員會」

　　企業可以成立跨部門、一級主管所組成的「提高獲利專案推動委員會」，並由「經營企劃部」負責執行秘書；每個月開會一次，為期一年，目標達成後，即解散此委員會。

圖2-19(2)　「提高獲利專案推動委員會」組織架構

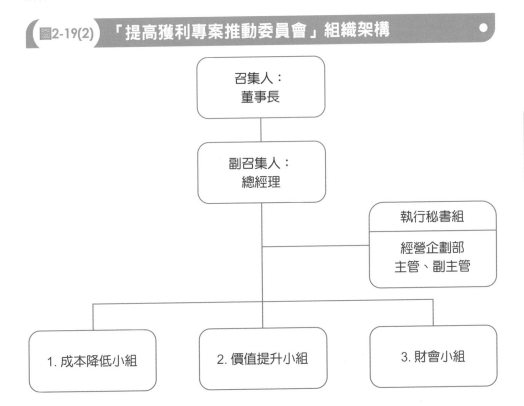

MEMO

Chapter **20**

成長戰略的 3 種驅動模式

一　企業成長戰略的 3 種驅動模式

二　完全靠自己成長模式的必要條件

成長戰略的 3 種驅動模式

一、企業成長戰略的 3 種驅動模式

企業的成長戰略，如果從完整面向來看，可有 3 種驅動模式，如下圖示：

圖2-20(1)　企業成長戰略 3 種驅動模式

1. 完全靠自己	2. 靠併購／收購	3. 靠合資
● 此即完全靠自己公司、集團的實力，一步一腳印，去做開拓事業版圖。	● 靠在國內及國外的併購事業，才得以快速成長。	● 靠與國內外企業夥伴，雙方合資，以尋找企業成長。

圖2-20(2)　「完全靠自己」開拓事業、並擴大版圖

完全靠自己實力	1. 國內外設立新工廠
	2. 國內外設立行銷子公司
	3. 國內外設立新館、新旗艦店

二、「完全靠自己」成長模式的必要條件

如下圖示：

圖2-20(3)　完全靠自己成長模式必要條件

1. 財力夠	4. 能力夠
2. 人力夠	5. 海外當地國法規，未要求合資
3. 資源夠	

Chapter 21

支撐企業持續成長戰略的 12 項重要經營基盤／資源

━━ 支撐企業持續成長戰略的 12 項重要經營基盤／資源

支撐企業持續成長戰略的 12 項重要經營基盤／資源

一、支撐企業持續成長戰略的 12 項經營基盤

從前述好幾十家日本大型上市公司的成長戰略描述來說，我們可以歸納出，企業能夠支撐、鞏固企業持續成長戰略目標達成的最重要 12 項經營基盤／資源，如下圖所示：

圖2-21　支撐企業持續成長戰略的 12 項重要經營基盤

1. 人才資本

- 全球員工人數有多少人
- R&D 研發工程師有多少人
- 人才多樣化程度
- 人才高學歷程度
- 人才年資平均多少年

2. 財務資本

- 公司手存現金數有多少
- 公司累計盈餘有多少
- 公司資本額有多少
- 公司負債比多少
- 公司股價及總市值多少
- 公司每年獲利額有多少
- 公司 EPS 有多少
- 公司可融資銀行額度有多少

3. 製造資本

- 公司製造設備累計投入多少金額
- 公司製造設備先進程度
- 公司製造良率有多少
- 公司製造員工平均年資多少
- 公司設備使用率多少

4. 技術、研發及 IP 資本

- 公司 IP 專利權及智產權有多少件
- 公司 R&D 人才數多少？素質如何？
- 公司技術等級
- 公司研發 know-how 如何
- 公司研發領先程度如何？

5. 行銷與銷售資本

- 公司每年投入多少媒體廣告量
- 公司人才銷售組織成員多少人?素質如何?
- 公司門市店數多少?市占率多少?
- 公司實體零售據點上架數量多少?

6. 供應鏈資本

- 公司供應商數是多少?交期如何?品質如何?良好關係如何?數量保證如何?

7. 社會關係資本

- 公司重要客戶或顧客或會員人數多少?
- 公司與他們的關係鞏固性及忠誠度如何?

8. 全球化網絡資本

- 公司在全球化、海外各地區有多少國家?多少子公司數?多少員工數?多少技術工程師?多少先進設備?多少銷售能力?

9. 物流資本

- 公司在國內及國外有多少物流中心據點?多少物流人才?多少處理能量?投入多少設備金額?

10. 品牌資本

- 公司在國內及海外的品牌數量多少?品牌知名度、好感度、忠誠度、信賴度及市占率如何?

11. ESG 永續資本

- 公司在投入 ESG 的努力有哪些?成果有哪些?
- 如何做到永續經營

12. 企業文化資本

- 公司在形塑公司既有且優良的企業文化投入那些努力?
- 員工對公司的向心力、參與感如何?

MEMO

Chapter **22**

企業成長戰略資金的來源

企業成長戰略資金的來源

一、企業成長戰略資金的 9 種來源

　　企業或集團在尋求不斷成長過程中，最重要的二項資源具備，一是人才，二是財力（資金力）。如下圖所示，企業成長戰略資金來源，就有 9 種管道：

圖2-22(1) 企業成長戰略資金 9 種來源

1. 銀行貸款	**2. 公司自有現金**	**3. 上市櫃公司公開增資**
・成長戰略所須資金，可向銀行聯貸取得，目前利率仍低。	・公司累積的保留盈餘及銀行存款，均可動用。	・上市櫃公司可向大眾股東公開增資。
4. 私募資金	**5. 大股東私人增資**	**6. 申請首次 IPO**
・可向個別企業或個別基金公司私募而得。	・大股東個人增資而得到現金。	・未上市公司可透過興櫃及上市櫃，而取得公開市場資金。
7. 發行公司債	**8. SWAP 操作**	**9. 友人私人增資**
・公司也可以對外發行公司債而得到現金。	・公司可透過 SWAP 操作，雙方都不必支付現金，只有換股即可。	・公司老闆可向有錢的友人，私人增資或借貸而得。

二、各種資金來源的不利考慮點

如下圖示：

圖2-22(2)

1. 銀行聯貸

• 公司或集團的負債比例勿過高，大約控制在 40％以內，超過 40％，就代表負債比例過高，而有危機。

2. 私募或增資

• 公司也須注意資本額膨脹，也會稀釋 EPS（每股盈餘），因此，股本也不要一下子膨脹太多為宜。

MEMO

Chapter 23

併購（收購）成長戰略

一 併購（收購）成長的成功案例

二 併購（收購）的好處及優點

併購（收購）成長戰略

一、併購（收購）成長的成功案例

　　茲圖示如下，近十幾年來，國內企業利用併購（收購）而使企業快速成長的案例如下：

圖2-23(1) 併購（收購）成長的成功案例

1. 統一企業	2. 全聯	3. 統一企業
● 收購家樂福法方股權，使其進入量販店零售市場。	● 收購松青超市、桃園超市（觀音物流園區）及大潤發量販店。	● 收購韓國熊津食品公司，進入韓國市場。

4. 富邦銀行	5. 國泰銀行	6. 遠東集團
● 與台北市銀行合併，成為富邦台北銀行。	● 與世華銀行合併，成為國泰世華銀行。	● 收購SOGO百貨，成為遠東SOGO百貨。

7. 台哥大電信	8. 遠傳電信	9. 高科技公司併購別人公司
● 台哥大收購台灣之星電信。	● 遠傳電信收購亞太電信。	● 鴻海 ● 佳世達 ● 環球晶 ● 台達電

二、併購（收購）的好處及優點

企業透過併購（收購）手段，可得到以下好處及優點：

圖2-23(2)	併購（收購）的 5 大好處	●

1.	可快速成長、擴大、延伸既有事業版圖。
2.	可快速進入陌生、新領域事業拓展。
3.	可一併買下該公司的人才團隊。
4.	若凡事都自己來，時效上恐會太慢，不利成長。
5.	收購及合併，可望會降低經營成本及產生綜效。

MEMO

Chapter 24

拓展全球化事業成長戰略的人才來源管道

拓展全球化事業成長戰略的人才來源管道

一、全球化事業成長戰略的 2 個人才來源管道

跨國企業拓展全球化事業版圖，亟須全球人才，主要有 2 大類人才來源管道，如下圖示：

圖2-24(1) 全球化人才 2 種來源管道

1. 自己公司內部既有人才	2. 海外當地化人才
(1) 現有可外派人才 (2) 內部待培育人才 (3) 新招募外派人才	在海外當地國，現地招募當地優秀人才

＋

二、海外當地人才年度培訓

如下圖示：

圖2-24(2)

1. 每年一次，召集各海外當地國的現地中高階主管回到母國總公司，展開一年一次的培訓及研修。

2. 可區分為 4 種現地人才：
(1) 高階經營型人才培訓班
(2) 業務型人才培訓班
(3) 幕僚功能型人才培訓班
(4) 技術型人才培訓班

三、建置全球化 e-learning 教育訓練知識庫

　　跨國大企業都會在公司或集團內部，建置「全球化 e-learning 知識庫」，供海外全球員工均可自行上網去查詢相關公司各部門的作業知識及 know-how，以做為自我學習與進步的最佳知識庫。

圖2-24(3)

建置全球化e-learning知識庫

使全球員工，均能依授權程度，上網自我學習及自我進步

MEMO

Chapter 25

成長戰略：每年底應做一次 總檢討擴大會議

一 每年底做一次：成長戰略執行總檢討會議的內容項目

成長戰略：每年底應做一次總檢討擴大會議

一、每年底做一次：成長戰略執行總檢討會議的內容項目

此檢討會議的內容項目，應包括如下圖示各項目：

圖2-25　每年底成長戰略總檢討會議討論項目

1. 今年成長目標 KPI 指標達成狀況檢討	2. 今年人才戰略檢討	3. 今年銷售戰略檢討
4. 今年行銷戰略檢討	5. 今年研發與技術戰略檢討	6. 今年新產品開發戰略檢討
7. 今年採購戰略檢討	8. 今年物流戰略檢討	9. 今年財務戰略檢討
10. 今年服務戰略檢討	11. 明年度成長戰略 KPI 目標訂定	12. 明年度：成長戰略的重點方針、重點課題、計劃、人力、組織相關規劃

今年度成長戰略的得與失！

Chapter 26

成長戰略計劃下的最終經營績效 9 指標

一 最終經營績效 9 項指標

成長戰略計劃下的最終經營績效 9 指標

一、最終經營績效 9 項指標

企業或集團,每年經營到最後,就是看九大指標如何,如下圖示:

圖2-26 成長戰略最終經營績效 9 項指標

1. 營收額	2. 獲利額	3.EPS
• 合併年營收額是否達成目標? • 年營收成長率是否達成目標?	• 合併年獲利額是否達成目標?是否比去年成長? • 年獲利率是否達成目標?	• 合併 EPS 是否達成目標?是否比去年更成長?

4. ROE	5. 毛利率	6. 股價
• 合併 ROE 是否達成目標?是否比去年更成長提升? • ROE:股東權益報酬率	• 合併毛利率指標是否達成目標?是否比去年更成長?	• 今年股價是否達成目標?是否比去年更成長?

7. 企業總市值	8. 全球市占率	9. ESG 執行
• 今年企業總市值是否達成目標?是否比去年更成長?	• 今年國內或全球市占率是否達成目標?是否比去年更成長?	• 今年 ESG 執行是否達成目標?

第三篇
優良企業經營成功
祕訣個案

個案 1　全聯：國內第一大超市成功的經營祕訣

一、堅持低價、便宜、微利、省錢、便利

全聯福利中心是國內第一大超市第二大零售公司，其營收額僅次於統一超商（7-11）。該公司林敏雄董事長所堅持的最重要的經營理念，即是：堅持利潤只賺 2%，售價比別家便宜 10%～20%，完全以照顧消費者為最高方針，其品質也不打折扣，此理念深得眾多產品供應商的支持。

二、台灣第一大超市通路

全聯的前身即是軍公教福利中心，後來經營不善，轉給全聯接手營運；到2024 年為止，全聯超市總店數已突破 1,200 店，年營收額也突破 1,800 億元，超越家樂福量販店的 900 億元，僅次於統一超商的 1,900 億元營收。

全聯在短短二十多年之間，即超越 1,200 家店，已成為重大的進入門檻，其他競爭對手想要進入超市經營，已經沒有可能性了，因為進入門檻太高，必須花費好幾百億元，而且不一定會成功，台灣其他超市幾乎已經沒有經營的空間。

三、全聯快速成功的二大關鍵

全聯在短短二十多年間能夠成為超市巨人，其成功二大關鍵為：

一是，該公司發展方向正確，該公司相信規模力的重要性，因此投入大量人力及財力，加速進行門市店版圖的擴張，門市店家數多了，銷售量自然上升，供應商必然都會來，解決產品力問題。二是，該公司團隊協力合作。不管是第一線展店人員或是後勤支援人員，全部都投入展店工作，大家一起團隊合作。

四、價格是紅色底線

全聯林敏雄董事長有一條不可挑戰的紅色底線，那就是價格必須低價，利潤只要 2%就好，因此，售價不會太高。這也必須要供應商拉低供貨價格的配合才行。因此，全聯都是採取寄賣方式，但每月結帳，結帳付款採用現金匯款，而不是一般零售業採用三個月才到期的支票，終於獲得供應商的信賴。

另外，全聯商品部也有一支查價部隊，每天要查核零售同業的價格，確保全聯價格一定是最低或平價的。

五、快速展店祕訣

全聯有一套快速展店祕訣，一是，從中南部鄉鎮包圍都市。當時，中南部租金便宜，而且空間坪數大，可以成為超市，所以從中南部起家。二是，透過併購快速成長。2004 年併購桃園地區的楊聯社 22 家超市，2010 年併購味全的松青超市 66 家。

六、投入生鮮門市

全聯在 2006 年時發現，只做乾貨的營收額不可能再成長，因為消費者不可能每天買衛生紙、買洗髮精；然後又參考日本成功的超市，都是要兼賣生鮮產品（即賣肉類、魚類、蔬菜、水果、冷凍）。

因此，在 2006 年收購日系善美的超市，引進生鮮人才；又在 2007 年收購台北農產運銷公司，學習蔬果物流。2008 年正式進入生鮮門市店。目前，全聯在全台已打造各三座的魚肉及蔬果物流中心。投入生鮮門市後，全聯的每日營收也都快速上升增加。

七、與廠商生命共同體

全聯的成功之一，供貨廠商是重要的，供貨廠商能夠以低價、品質優良的產品供應給全聯超市，使全聯的產品系列有好的口碑。此外，供貨商也常配合全聯經常性的促銷活動提供更低、更優惠的特價活動，也成功拉升全聯及供貨商的業績成果。此種合作均顯示全聯與廠商為生命共同體。

八、全聯行銷學

2006 年起，全聯才開始與奧美廣告公司合作，拍攝廣告片，那時開始出現「全聯先生」的廣告角色，並且喊出「便宜一樣有好貨」的經典廣告金句，一時引起熱議，「全聯」名字成為全國性知名品牌。

2015 年，全聯推出「經濟美學」，喊出節省、時尚的觀念，又打響全聯的品牌好感度。此外，全聯也推出各項「主題行銷」，例如：咖啡大賞、衛生棉博覽會、健康美麗節等，提出各類產品的低價特惠活動。

2017 ～ 2020 年，全聯推出「集點行銷」活動，以集點可以換購德國著名的廚具鍋子，也引起很大成功，拉升營收額。此外，全聯在每年重大節慶，例如：週年慶、年中慶、中元節、母親節、父親節、中秋節、端午節等，也都有推出大型節慶促銷活動，都非常成功。

九、全聯人才學

林敏雄董事長對全聯的人力資源管理，有以下幾項原則：

（一）信任員工，充分授權。

（二）看人看優點，把人才放在對的位置上。

（三）大量僱用二度就業婦女。

（四）肯學習，有成長，就會有晉升機會。

（五）將成功歸功於全體努力員工的身上。

（六）學歷不是很重要，要肯投入、要肯用心、要隨公司一起成長，最重要。

十、總結：成功關鍵因素

總結來說，全聯能夠快速成為國內第一大超市，歸納它的成功關鍵因素有以下十一點：

（一）快速展店的經營策略正確。

（二）同業的競爭壓力，當時不算太強大（頂好超市）。

（三）擁有很用心、肯努力、有團結心的人才團隊與組織。

（四）供貨廠商全力的信賴與配合。

（五）低價政策。只賺 2%的獲利政策且薄利多銷！

（六）定位明確、正確。

（七）能站在消費者立場去思考、去經營，以滿足顧客的生活需求。

（八）全台 1,200 店，解決顧客的便利性需求，不像量販店及百貨公司需要開車去購物。通路密集在各大社區巷弄內。

（九）乾貨＋生鮮的產品系列可以使顧客一站購足。

（十）全聯二十多年千店經營，已經建立很堅強的進入門檻，未來新進入者已很難有超越的機會。

（十一）行銷廣告宣傳出色、成功！

圖3-1(1)　全聯：台灣第一大超市

- 全台灣 1,200 店
- 全年營收額 1,800 億元
- 1,200 萬人辦福利卡

↓

- 打造台灣第一大超市
- 打造台灣第二大零售業，僅次於 7-11

圖3-1(2) 全聯：成功的十一項關鍵要素 ●

| 1.
快速展店策略 | 2.
同業競爭壓力當時不是太大 | 3.
擁有認真的工作團隊 | 4.
供貨廠商全力信賴與配合 |

| 5.
低價政策 | 6.
定位明確 | 7.
滿足顧客需要 | 8.
全台 1,200 店，具便利性 |

| 9.
顧客可一站購足 | 10.
建立高進入門檻 | 12.
行銷廣告宣傳成功 | |

問題研討

1. 請討論全聯成功的十一項要訣為何？
2. 請討論全聯經營的根本原則為何？什麼是紅色底線？
3. 請討論全聯為何能贏得供應商的信賴？
4. 請討論全聯快速展店的祕訣為何？
5. 請討論全聯為何要投入生鮮門市？
6. 請討論全聯的行銷操作有哪些？
7. 請討論全聯的人才學為何？
8. 總結來說，從此個案中，您學到了什麼？

個案 1

全聯：國內第一大超市成功的經營祕訣

個案2　禾聯碩：本土家電領導品牌的成功祕訣

一、公司簡介

台灣本土上市的家電品牌共5家，分別是東元、聲寶、三洋、大同及禾聯碩，統稱為「本土家電五雄」，其中，又以禾聯碩位居領導品牌。禾聯碩在2019年5月從上櫃轉上市，營收為58億元，毛利率三成多，比同業多一倍，EPS（每股盈餘）連續四年超過10元，有「家電股王」之稱。禾聯碩至今的主力產品，計有液晶電視機、冷氣機及小家電等三大類。

二、早期以液晶電視機起家

液晶電視剛起步時，禾聯碩從研發、製造、到銷售一條龍，價格親民，品質夠好，商品種類也比較多。因採購量大，相對有本錢議價，成本也就會降下來；此外，也有資源投入廣告，把品牌帶上來，形成一個良性循環。

當時，液晶電視機一上市，很快就銷售出去，最高銷售量曾經一年賣出26萬台，好幾個其他品牌加起來，都沒有禾聯碩多；總之，因採購成本低、銷售速度快、獲利情形自然比同業好。現在，液晶電視機家家都已有了，因此，這幾年市場逐漸飽和；禾聯碩現在的銷售重心改在冷氣機。

三、現在主攻冷氣機

禾聯碩對冷氣機的經營，主要是差異化策略。包括好幾個區塊：一是，把產品線擴張，從最小型到最大型的機台都有。二是，拓展產品線寬度，以冷媒來講，包含410及342兩種機型。三是，著重不同用途，像箱型機、送風機、壁掛式等。

禾聯碩專門開發和別人不一樣的商品，這是該公司的利基點，這樣可以涵蓋不同顧客及不同通路的需求。所謂「差異化」，不是指跟別人有什麼差別，市場上很多產品的功能都很像，也容易複製，主要是看整個產品規劃是不是很多元化、多樣化。

四、投入小家電的評估

很多東西都是水到渠成，禾聯碩很早就想做小家電，但要先評估幾點：一是，公司的品牌力夠不夠。二是，公司的研發。引進一樣產品，要給它什麼功能，研發團隊有沒有能力做到。三是，通路夠不夠。禾聯碩小家電有200多個品項，早期在一般經銷通路沒辦法做這一塊，因為經銷店空間有限；現在禾聯碩在賣場通

路很強，以及電商虛擬通路也不錯，倉庫也準備好了，才開始導入小家電。簡單說，要推出新產品系列，在研發、製造、儲運、銷售、通路、品牌、售後服務等，都要準備好，才會成功。

五、研發的依據來源

禾聯碩對新產品或原有產品的研發來源，主要是來自第一線銷售人員，他們在賣場天天接觸消費者，帶回來的訊息反饋很重要，公司現有第一線銷售人員已超過 100 人之多。其次，是全台經銷商的訊息，也會參考。

禾聯碩的研發人員及業務人員都會有定期的提報會議，只要看到市場需求或消費者生活上問題點，業務人員提出建議，研發團隊評估後，會再往下發展，現在已有 30 多人的研發團隊。對第一線人員來說，商品要有能推銷的特點，如果大家的商品都一樣，硬要講哪裡不一樣，對銷售人員很辛苦；因此，研發團隊一定要創造出跟別人不一樣的特色出來，要有一些差異化或獨一無二的特點。

六、品項多但量少，要如何處理

禾聯碩覺得倉儲最重要，因此該公司在台中、台南、高雄、桃園都建有自己倉庫，如果倉庫容量不夠，就無法支撐產品的多樣化策略。

總之，研發力、品牌力、銷售人員力、倉庫力、售後服務力、製造力等六大能力都很重要，這些都是在建立進入門檻及競爭優勢。

七、勤走現場，充分授權

現任總經理林欽宏在公司已算是元老級員工，對於公司管理方面，他有幾項觀點及作法：

（一）花時間接觸第一線，到各單位去看一看，包括中南部，幾個大經銷商，他們的意見有機會直接反應給公司。他認為不去走動，像是商品開發、市場抱怨、競爭品牌的行銷策略印象就沒有那麼深刻，自己看到與聽到的會完全不一樣。

（二）認為一件事要順利運作，總有個制度在，每個單位都有主管、由各主管負責，他只是要掌握各主管的進度，亦即，他是充分授權、信任各一級主管。

（三）另外，有時候行銷、企劃、營業的想法及看法不一樣，他也要經常在中間協調討論及下最後決定。各部門必須相互支援，朝公司共同目標努力達成。

（四）總之，工作心態就是要創造被利用的價值，每個人都要有他自己的貢獻。

八、品牌定位

　　林欽宏總經理認為：「不見得每個消費者都要買最有名、最貴、最好的品牌，因為生活水準及所得不一樣，我們的品牌，最大的好處，就是 CP 值高、價格親民、產品組合多。商品多樣化可以照顧到不同族群，所以禾聯碩的顧客範圍也比一般品牌定位來得大一點。以汽車來看，有人買雙 B，但是台灣賣得最好的卻是豐田 TOYOTA。我們的定位，是中層消費者，好處是往下可以吸納其他消費者，往上也可以顧及上層的顧客，畢竟整個市場最多的顧客還是在中層，我們希望逐步往上提升。」

九、未來仍須努力

　　禾聯碩公司經營的禾聯（HERAN）未來還是要很努力，公司經營及品牌經營必須要長時間經營，這幾年已經有了一定成效。十幾年前，剛開始時，大家都說禾聯（HERAN）是第三級品牌；日本品牌是第一級，本土品牌的聲寶、東元、大同、三洋是第二級品牌；如今，禾聯品牌已進入第二級品牌的前面，在冷氣方面，禾聯是本土第一品牌，僅次於日立、大金、Panasonic（松下）日系三大品牌之後，而在平價液晶電視機則是全台第一名品牌，僅次於高價 SONY 電視機之後。禾聯家電（HERAN）一直走在自己的路上，遇到機會就會更投入、更努力，持續向前進、向上追！

十、鎖定中低價位帶

　　禾聯碩公司從中國引進半成品，在台灣加工組裝，故成本較低，因此，毛利率比同業還高。

　　2015 年起，該公司除保有原來二大產品線外，經過準備十年的功夫，展開經營全新產品線，包括：冰箱、洗衣機、空氣清淨機、掃地機器人等 200 多個品項；這一策略，有效的拉升了該公司完整的產品線組合及提高公司的營收規模。

十一、通路策略

　　禾聯碩公司全台經銷商已突破 1,500 家，再加上各大量販店賣場、3C 連鎖店、網購平台等，通路既多且廣，非常方便消費者購買。2018 年，又在中南部興建完成 1.2 萬坪的倉儲物流中心。2019 年 5 月，上櫃轉上市成功。

圖3-2(1) 成功的六大能力

| 1. 研發力 | 2. 品牌力 | 3. 銷售人員力 |
| 4. 倉庫力 | 5. 售後服務力 | 6. 製造力 |

本土第一品牌的家電業者

圖3-2(2) 總經理的管理守則

| **1.** 經常到外面市場第一線去看一看、聽一聽 | **2.** 充分授權、信任各主管、按制度去做 |
| **3.** 各單位有不同意見,要介入協調、溝通及下決定 | **4.** 每個員工都能貢獻專長給公司,公司就會成長 |

圖3-2(3) 優良經營績效

| 1. 年營收:58 億元 | 2. 毛利率:36% |
| 3. 獲利率:15% | 4.EPS:10 元 |

本土家電獲利王

個案
2

禾聯碩：本土家電領導品牌的成功祕訣

圖3-2(4)　成功六大要素

1.

組裝、製造成本低

2.

中低價位成功，鎖定中低所得大眾

3.

通路布局據點多，經銷商達 1,500 家

4.

產品品質尚佳

5.

產品組合日趨完整、齊全

6.

在本土家電品牌中，有不錯口碑

問題研討

1. 請討論禾聯碩公司以及禾聯家電（HERAN）簡介。
2. 請討論禾聯（HERAN）液晶電視機為何賣得好？
3. 請討論禾聯（HERAN）冷氣機如何差異化？
4. 請討論禾聯碩投入小家電的三項評估為何？
5. 請討論禾聯碩對新品研發的依據來源為何？
6. 請討論禾聯碩品項多但量少的處理作法為何？
7. 請討論禾聯碩總經理的管理作法為何？
8. 請討論禾聯碩的品牌定位為何？
9. 請討論禾聯（HERAN）電視機及冷氣機的市場地位如何？
10. 總結來說，從此個案中，您學到了什麼？

個案 3　統一企業：穩健經營哲學

一、穩健經營的理念

統一企業羅智先董事長的決策原則，即是穩定或穩健經營，他表示：「特別在充滿動盪的大環境中，管理不確定的最好對策，就是穩定，能夠穩定，就能建設，也就能進步。為了穩健，寧可犧牲一些成長，一旦基礎打好，也會自動成長。這是一種謀定而後動的積極管理。」

「穩定決定一切，是羅智先董事長最大的經營信念。」1999 年時，統一企業集團的總營收才 1,611 億，獲利 35 億；到 2024 年時，集團總營收成長到 6,500 億，獲利為 260 億，翻倍成長，績效不錯。羅董事長認為，這二十年來，統一企業不受外部大環境，如 SARS、食安風暴、景氣不振、全球新冠疫情等不利影響，主要是靠統一企業近二十年來的「底子厚」！

統一企業要調整好體質，要穩健經營及獲利，才會有邁向國際化的本錢。

二、管理哲學

羅董事長受過美式教育，向來重視數字管理、目標管理、績效管理，也把企業盈利放在第一位。只要目標沒達成，隨時要換人做。他拉出一條毛利率平均線，只要低於 30％，就要淘汰；原來有 6,400 個品項，現在只剩下 1/10，毛利率從 2000 年的 23％，提升到目前 34％。

羅董事長也很重視制度化，他認為經營企業要靠制度及系統，才能永續經營。

統一企業人多，複雜度高，他能做的就是建立制度，讓組織公平透明；並且立下人員 65 歲要正式退休，不能老臣一堆。

三、做好三安

羅董事長認為：唯一可能破壞統一穩定的，就是安全。三安一定要做好，即：食安、工安、環安。三安做好了，統一企業就可以永續經營下去。台南總部掛著標語：「大家一起努力做好食品安全及品質控管。」

四、進軍中國、韓國市場

統一企業很早就進軍中國市場，成效不錯，現在中國的營收額已超越台灣營收額；2015 年起，在中國市場獲利已顯著增加。2018 年底，又花 70 億併購韓國熊津食品公司。統一企業內部還成立「併購小組」，準備打國際盃。

個案

3

統一企業：穩健經營哲學

五、未來聚焦在生活產業

統一企業羅董事長表示：「它們不只是食品、飲料，而是生活產業；只要有生活，就有成長機會及空間。」統一企業不急於開創新事業，而是在現在基礎上，持續強化及深化，做好蹲馬步；最簡單的事，也會成為最不簡單的競爭優勢！（註：統一企業集團旗下主力公司，包括：統一企業、統一超商、統一中國、康是美、統一時代百貨、大統益食用油、統一實業、家樂福、黑貓宅急便、聖娜麵包、德記洋行、統一夢時代等，兩岸員工達 10 萬人之多。）

圖3-3(1) **統一企業：穩健的經營哲學**

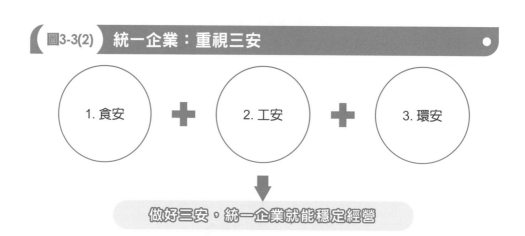

圖3-3(2) **統一企業：重視三安**

問題研討

1. 請討論統一企業的穩健經營哲學內涵為何？
2. 請討論統一企業的管理哲學為何？
3. 請討論統一企業的三安為何？
4. 請討論統一企業未來要聚焦在哪裡？
5. 總結來說，從此個案中，您學到了什麼？

個案 3

統一企業：穩健經營哲學

一、百貨股王

momo 購物網，2016 年營收達 280 億元，此後幾乎年年成長超過 20％，2023 年更達 1,100 億元，位居國內網購電商市場的第一位，遙遙領先 PCHome、雅虎奇摩購物、蝦皮購物、生活市集、博客來、東森購物等競爭對手。

momo（富邦媒體科技公司）也是上市公司，2022 年的股價突破 700 元，成為所有網購及百貨、零售行業股的最高，有「百貨股王」之稱。momo 在 2023 年營收達 1,100 億元，獲利額為 40 億，獲利率僅 2.5％，顯示 momo 都把利潤回饋給消費者的低價政策。

二、成功經營三大要素

momo 總經理谷元宏歸納該公司成功的三大因素，如下述：

（一）商品夠多！多元、齊全、選擇性多

momo 網購的品項已超過 300 萬件品項，不管是中、小品牌或大品牌，都可以在 momo 網上找到。特別是時下最熱門、顧客最想要的商品，都可以在 momo 網上找到、買到。

在這一方面，momo 商品採購部的同仁，非常積極掌握消費趨勢，另一方面也能即時回應顧客需求。再者，也會積極搜尋很多進口代理商的進口產品及本土小品牌上架到 momo 網上。momo 購物網上的品項齊全、多元，可使消費者一站購足且選擇性多元優點，足以滿足消費者的內心需求！

（二）到貨快速！宅配到家快

momo 在五年內大舉投入物流倉庫的基礎建設，至今，全台已有 4 座主倉（大倉庫）及 50 座衛星倉（中型倉庫），可以就近把貨從倉庫中，配送到全台 24 個縣市消費者家中。目前，台北市的訂貨可以在 6 小時就能宅配到家；亦即，早上訂貨，下午就到，下午訂晚上就到，很多消費者都很驚喜及期待。假如，momo 沒有五年前大舉投入資金蓋倉儲中心，就不可能有今天的快速到貨。

（三）價格低！價格優惠

momo 產品的售價，在電商界算是比較低的；一方面是因為銷售量大，故可以較低的價格向供應商議價；二方面是它堅持毛利率只有 10％，故價格自然

就低。momo 的價格低、價格實惠，就是讓消費者有很划算的感受、有高 CP 值感受，並且經常會回購，成為忠誠老顧客。

此外，momo 在 2019 年還推出與富邦銀行的聯名卡，只要刷此卡，就給 5% 的高回饋率。例如：顧客刷 1 萬元，買氣泡水機，就會得到 500 點數，下次再買 500 元的商品，就完全免費，不用付錢。

三、集團資源整合

momo 也積極推動與富邦集團的資源整合，有如下述：

（一）富邦銀行與 momo 發行聯名卡，目前發卡量 50 萬卡，使得 momo 會員客單價提高 15%。

（二）全台 820 家台灣大直營門市，已成為可代領貨的據點服務。同時，門市也會向電信用戶推介 momo 網購；目前已增加 momo 新客戶。

（三）momo 購物網與富邦人壽合作，可以在 momo 上購買車險及旅遊平安險。

四、百貨公司專櫃品牌已同時出現在 momo 購物網

過去 momo 網購最困難的是引進百貨公司專櫃品牌到 momo 購物網上，但現在已有愈來愈多的彩妝品牌、名牌精品等同時出現在 momo 購物網上面。

圖3-4(1)　momo：台灣百貨股王及第一大電商

1.
- 第一大電商（網購）
- 年營收1,100億元（2023年）

2.
- 股價700元
- 居國內百貨、零售、電商股王

圖3-4(2)　momo：成功經營的三大要素

| 1. 產品多元、齊全、可一站購足，選擇性多 | ➕ | 2. 物流宅配快速！全台 24 小時到，台北市 6 小時到 | ➕ | 3. 價格平價、實惠、常有折價 |

⬇️

台灣第一大電商

問題研討

1. 請討論 momo 為何能成為台灣百貨股王？
2. 請討論 momo 成功經營的三大要素為何？
3. 請討論 momo 與富邦集團的資源整合有哪些？
4. 請討論 momo 購物網最困難的工作是什麼？現在克服了嗎？
5. 總結來說，從此個案中，您學到了什麼？

個案 5　大立光：台灣股王的三個不敗關鍵

一、優良經營績效

全球最大手機鏡頭供應商，即是大立光電公司，自 2012 年起，該公司即為台灣證券市場的股王，至今不變。

大立光公司在 2023 年度的卓越經營績效，分述如下：

- 營收額：620 億元
- 毛利率：67%
- 獲利率：45%
- EPS（每股盈餘）：200 元

全球前三大手機品牌：蘋果 iPhone、三星及華為，均採用大立光的高端手機鏡片。

二、不敗的三大關鍵

關鍵 1　鎖定目標，做手機鏡頭裡的頂端市場

專注在研發高階鏡頭，是大立光第一個致勝策略。2,000 萬手機畫素高階鏡頭占大立光業績 30%，1,000 萬手機畫素高階鏡頭占業績 50%，此二者合計占大立光八成以上的產能。另外，「單價高」及「生產良率高」，正是大立光高毛利率的二大利器；生產良率高，正是因為大立光專注於技術，由於技術獨家、領先，生產良率因此高出同業很多，也得到手機客戶端的信賴。

多鏡頭、高畫素正是未來手機趨勢，而大立光也默默專注於研發光學鏡頭技術，不斷突破與創新。

關鍵 2　擴充產能，布局未來十年

大立光擴廠不間斷，在 2017 年大擴廠後，2019 年又砸百億元，在台中興建三座工廠，2023 年正式量產，這些都是為了未來十年（2021 ～ 2030 年）的戰略布局。這也是大立光一貫的高瞻遠矚，看到十年後的公司發展願景。

關鍵 3　不畏雜音，專注做好一件事

大立光專注於高階手機鏡頭的策略，十年來不曾動搖過，只有聚焦、再聚焦。大立光傾其所有精銳資源，聚焦高階手機鏡頭的決心，專注做好一件事情。

個案 5

大立光：台灣股王的三個不敗關鍵

圖3-5(1) 大立光：卓越優良經營績效（2023 年度）

- 1. 營收額：620 億元
- 2. 毛利率：67%
- 3. 獲利率：45%
- 4.EPS：200 元

全球最大高階手機鏡頭供應商

圖3-5(2) 大立光：不敗三大關鍵

1. 鎖定目標，做手機鏡頭裡的頂端市場

2. 不畏雜音，專注做好一件事

3. 擴充產能，布局未來十年

問題研討

1. 請討論大立光的卓越經營績效為何？
2. 請討論大立光不敗的三大關鍵為何？
3. 請討論大立光能有高毛利率的三大利器為何？
4. 總結來說，從此個案中，您學到了什麼？

個案 6　台灣松下集團：成功經營的祕訣

一、經營理念：永不滿足！好，還要更好

台灣松下 2023 年度營收達 380 億元，在商用及家用電器領域的市占率超過五成之高。

該公司董事長林淵傳表示：「今天講的事，明天會變，但這是秉持一個好還要更好的思維；照老樣子做，業績絕對不會好；沒有新東西、沒有進步、沒有預期對手會來攻擊你，絕對會失敗。所以，要隨時隨地都要有變革創新、挑戰，絕不能自我滿足。」

林董事長又表示：「企業經營要維持住長久的續航力，產品要有變化，強的要維持，弱的就要補強。在高市占率的產品領域，要繼續提升技術或外觀設計。」

二、整合成為「台灣松下銷售公司」

2020 年 4 月，台灣松下公司把 B2C 家用及 B2B 商用電器的 4 家公司整合成為單獨 1 家的「台灣松下銷售公司」。

該公司認為如果任由這些銷售管道個別發展，則成長較有限，因此，就透過整合在一起，可以滿足一站式購足，且有加乘的綜效，能拉升營收成長幅度。這 4 家公司合計 700 人，如今已整編成為 1 家公司，彼此可相互支援、交叉銷售、資訊與人員互通，達成更好的經營效益及組織再造。

三、近年來，台灣松下的成就

在林董事長領導下的台灣松下公司，近年來獲致如下的經營績效：

（一）2015 年：日本技術，台灣同步。從技術引進、設計產品到上市銷售時間，從 2 年縮短到 2 個月。

（二）2017 年：日本松下集團改組，成立台灣事業部，成為日本松下集團全球 38 個事業部之一，升級成為具有高度經營決策自主權，不必再事事請示日本松下集團公司的核准。

（三）2018 年：台灣成為日本松下全球小家電的營運中心，進一步提升台灣松下的角色重要性。

（四）2019 年：因香港、菲律賓技術不足，先以技術支援協助它們空調冷氣研發、販售，成為全球空調冷氣營運中心。

（五）2020 年：新成立「台灣松下銷售公司」為日本松下集團首個 B2B 及 B2C 市場交叉銷售試驗，成果將影響日本松下集團的其他事業部。

四、台灣松下的成功因素

台灣松下公司在台灣已經有六十年之久，經營績效良好，在 B2C 部分，Panasonic（松下）品牌的電冰箱及洗衣機都位居市占率第一名；在 B2B 部分，很多商用設備也是市占率第一名。

總結，台灣松下經營成功的關鍵因素，如下六項：

（一）擁有日系高知名品牌 Panasonic（松下）與日系 SONY 並列為台灣最受歡迎的二家家電品牌。

（二）擁有高品質的好印象、好口碑，歷久不衰。

（三）擁有不斷創新與進步的技術革新，確保技術領先。

（四）Panasonic（松下）每年投入近 2 億元電視廣告費，拉高品牌曝光度，維繫品牌信任度及忠誠度，並找來一線藝人做代言人，增強 Panasonic（松下）品牌與廣大消費者的情感聯結。

（五）綿密銷售通路，方便消費者在哪裡都買得到 Panasonic（松下）產品，包括家電 3C 連鎖店、綜合量販店、全台家電行、百貨公司等均可見到它的銷售據點。

（六）台灣松下在台已經六十年，其「松下」品牌已是最早在台灣的知名家電品牌，具有先發品牌的優勢點；其後，日本總公司全面改革為「Panasonic」（松下）全球一致品牌，一直到今天。

五、為顧客創造「更美好生活」

2022 年 11 月，為台灣松下公司在台灣成立 60 週年紀念日，該公司特別請知名廣告公司製作電視廣告片（TVCF），並投入 6,000 萬元電視播放費，其訴求主軸是：為全台顧客創造「更美好生活」為終極努力目標。

圖3-6(1) 台灣松下：三項重要經營理念

1. 不斷變革、創新、挑戰	**+**	**2.** 絕不能自我滿足、永不滿足	**+**	**3.** 持續提升技術力、提升產品力

圖3-6(2) 　**台灣松下：六項成功因素**

1.
擁有日系高知名度
品牌好印象

2.
擁有高品質信賴感

3.
每年投入 2 億元電視
廣告費，強力打造
品牌忠誠度

4.
建立綿密銷售通路，
便利消費者購置

5.
擁有與日本同步的
技術革新力

6.
具有最早的先發
品牌優勢

個案
6

台灣松下集團：成功經營的祕訣

問題研討

1. 請討論台灣松下公司的經營理念為何？
2. 請討論為何要整合成立「台灣松下銷售公司？」
3. 請討論近年來，台灣松下公司的經營成就為何？
4. 請討論台灣松下公司經營成功的六大因素為何？
5. 請討論台灣松下 60 年週年慶的電視廣告揭示該公司的終極目標為何？
6. 總結來說，從此個案中，您學到了什麼？有何心得、評論及觀點？

個案 7　和泰汽車：第一市占率的行銷策略祕訣

一、市占率 33%，位居第一

　　和泰汽車是日本豐田汽車公司（TOYOTA）在台灣區的總代理公司，主要銷售由國瑞汽車工廠所製造的各款式 TOYOTA 汽車。和泰汽車為上市公司，根據其公開的財務報表顯示，和泰的 2023 年年營收額高達 1,900 億元，獲利額 130 億元，獲利率為 8%；年銷售汽車 13.2 萬輛，占全台 44 萬輛車的市占率達 33%，位居第一大市占率。遙遙領先其他競爭對手，例如：裕隆、福特、三菱、日產、馬自達等各品牌。

二、產品策略（Product）

　　和泰汽車的產品策略，主要有以下三點：

　　第一點是訴求日系車的造車工藝與高品質、高安全性的水準。第二點是採取母子品牌策略。母品牌即是 TOYOTA，子品牌則是各款式車的品牌。目前計有 14 個品牌，包括 Camry、Sienta、Cross、Yaris、Granvia、Altis、Crown、Vios、Auris、Prius、RAV4、Sienna、Previa、Lexus、Alphard 等。此種母子連結的品牌策略，可帶來不同的區隔市場、不同的定位、不同的銷售對象。總的來說，即是可以擴大營收規模及獲利空間。第三點是強調重視環保功能及油電混合複合車，一則省油，二則具環保要求。

　　以上三點產品策略，使 TOYOTA 汽車在台灣汽車市場能受到好的口碑及高的信賴度，而使該車款能保持長銷。

三、定價策略（Price）

　　和泰汽車在定價策略上，靈活地採取了平價車、中等價位車及高價位車三種定價。（註 1）例如：在平價車方面，計有下列車款：

（一）Yaris（58 萬～ 69 萬）。

（二）Altis（69 萬～ 77 萬）。

（三）Vios（54 萬～ 63 萬）。

　　平價車主要銷售對象為年輕的上班族群，年齡層在 25 ～ 30 歲左右。在中價位車方面，計有：

（一）Camry（106 萬）。

（二）Sienta（65 萬～86 萬）。

（三）Auris（83 萬～88 萬）。

（四）Prius（112 萬）。

中價位車主要銷售對象為中產階段及壯年上班族，年齡層在 30 ～ 45 歲左右。另外，在高價位車方面，計有：

（一）Granvia（170 萬～180 萬）。

（二）Lexus（170 萬～400 萬）。

（三）Sienna（198 萬～290 萬）。

（四）Previa（140 萬～208 萬）。

（五）Crown（150 萬～250 萬）。

（六）Alphard（260 萬～350 萬）。

（七）Lexus LM（350 萬～450 萬）。

（八）Century SUV（500 萬）

高價位車主要銷售對象為高收入者的企業中高階幹部及中小企業老闆，年齡層在 45 ～ 60 歲之間。

四、通路策略（Place）

根據和泰汽車官方網站顯示，TOYOTA 車的銷售網路，以下列全台八家經銷公司為主力，如下：國都汽車、北部汽車、桃苗汽車、中部汽車、南部汽車、高部汽車、蘭陽汽車及東部汽車等八家經銷公司，全台銷售據點數合計達 147 個。（註 2）

這八家經銷公司，和泰汽車都與它們有合資關係而成立的，因此雙方可以互利互榮，共創雙贏，好好地創造銷售佳績。而和泰汽車也在融資、資訊系統、產品教育訓練等各方面給予最大的協助。因為，和泰清楚認識到，唯有經銷商能賺錢，和泰總公司才能賺到錢。

五、推廣策略（Promotion）

和泰汽車的成功，在行銷及推廣策略的貢獻，是不可或缺的，和泰汽車的推廣宣傳策略，主要有下列幾點：

（一）代言人

近年來，TOYOTA 汽車的代言人，主要以當紅的五月天及蔡依林最成功。找這二位為代言人，主要就是希望爭取年輕人，避免 TOYOTA 品牌老化，因為，和泰汽車已成立七十年了，難免會有老化現象。

（二）電視廣告（TVCF）

和泰的媒體宣傳，主力 80％仍放在電視媒體的廣告播放上，每年大概花費 2 億元的投入。幾乎每天都會在各大新聞台的廣告上看到 TOYOTA 各品牌的汽車廣告。這方面的投資成效不錯。

（三）網路與社群廣告

和泰汽車為了爭取年輕族群，這幾年也開始播出預算的二成在網路及社群廣告上，希望 TOYOTA 品牌宣傳的露出，能夠讓更多年輕人看到，這方面，每年也花費 3,000 萬元的投入。

（四）記者會

和泰汽車每年的新款車上市、新春記者聯誼會、公益活動舉辦等，幾乎都會舉行大型記者會，希望各媒體能多加報導及曝光，以強化品牌好感度。

（五）公益行銷

和泰汽車認知到「取之於社會，也要用之於社會」，因此，大舉投入於公益活動，希望形塑出企業優良形象。如下公益活動：

1. 全國捐血用。
2. 國小交通導護裝備捐贈。
3. 一車一樹環保計畫（已種下 65 萬棵樹）。
4. 全國兒童交通安全繪畫比賽。
5. 培育車輛專業人才計畫。
6. 校園交通安全說故事公益巡迴活動。
7. 公益夢想家計畫。

（六）戶外廣告

和泰汽車的媒體宣傳，也會使用戶外的公車廣告、捷運廣告及大型看板廣告作為輔助媒體的宣傳。另外，也會在戶外設有品牌體驗館的活動。

（七）改革 App

和泰汽車不斷改良手機版 App，使 App 也成為對汽車用戶的行動宣傳工具。

（八）促銷活動

促銷也是行銷操作的重要有效方式。汽車業最常用的二種促銷即是：一是，60 萬元用 60 期 0 利率分期付款的優惠；二是，買車即送 Dyson 吹風機（價值 1 萬元）為誘因。

六、服務策略（Service）

和泰汽車在全台設有 165 個維修據點，方便客戶能就近找到維修點；另外，亦設有客戶服務中心專線，隨時接聽客戶的意見反映及協助解決。另外，和泰汽車為了給客戶更全方位的服務，成立了三個周邊公司，各自提供下列服務給客戶，分別為：

（一）和泰產險公司：負責提供汽車保險事宜。

（二）和潤企業：負責提供汽車分期付款事宜。

（三）和運租車：負責提供在外租車事宜。

〔註 1：本段資料來源，取材自和泰汽車官方網站，並經大幅改寫而成。（www.hotai.com.tw）〕

〔註 2：本段資料來源，取材自和泰汽車官方網站。〕

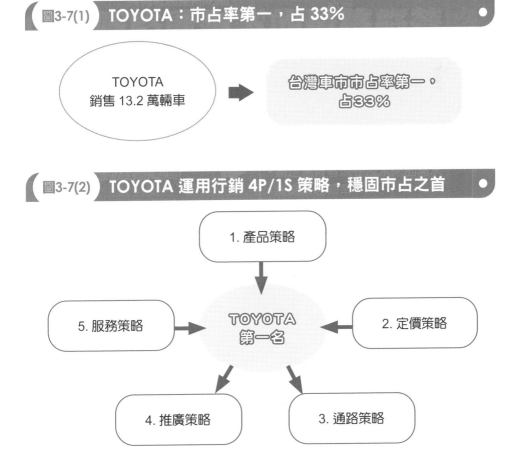

圖3-7(1) TOYOTA：市占率第一，占 33%

TOYOTA
銷售 13.2 萬輛車

台灣車市市占率第一，
占33%

圖3-7(2) TOYOTA 運用行銷 4P/1S 策略，穩固市占之首

1. 產品策略

TOYOTA
第一名

5. 服務策略

2. 定價策略

4. 推廣策略

3. 通路策略

問題研討

1. 請討論和泰汽車的經營績效如何？

2. 請討論和泰汽車的產品、定價及通路策略為何？

3. 請討論和泰汽車的推廣宣傳策略為何？

4. 總結來說，從此個案中，您學到了什麼？

個案 8　美國迪士尼：成功的 CEO 領導出成功的迪士尼

一、市值成長三倍

2020 年 2 月，剛卸下 CEO 執行長的羅伯特‧艾格（Robert A. Iger），他在任迪士尼執行長十五年期間，讓迪士尼的市值成長 3 倍，獲利超過 4 倍，是迪士尼史上成功的 CEO。迪士尼 2020 年 2 月時的總市值達 2,000 億美元，較 2005 年時，成長 3 倍之多。

2020 年度，迪士尼公司旗下的各事業體營收占比如下：

（一）主題樂園與度假村：占 37%。

（二）電視影集媒體：占 35%。

（三）電影娛樂：占 15%。

（四）消費性產品：占 13%。

二、對董事會提出三大優先任務

艾格在通過董事會任命為執行長之前，曾經經過嚴謹的面試，最後才通過。他對董事會提出上任後的三大優先任務，分別是：

（一）投入優質內容。

（二）以科技改革產品。

（三）成為一家真正全球化的公司。

事實證明，自 2005 年起，這三大任務也是艾格領導迪士尼的指導願景，至今未曾改變。從此之後，艾格將此三要點原則富為圭臬，並不斷跟同仁重複闡述。

三、透過併購，加速成長

艾格執行長覺得光靠自身力量，並沒有辦法快速成長，因此他下定決心，要加速併購同業間的好公司，來補迪士尼自身的不足。他在任十五年間，成功的併購了下列四家好公司：

（一）2006 年，以 74 億美元併購「皮克斯」。

（二）2009 年，以 40 億美元併購「漫威娛樂」。

（三）2012 年，以 40 億美元併購「盧卡斯影業」。

（四）2019 年，以 713 億美元併購「21 世紀福斯」。

這些公司比較暢銷的電影如下：

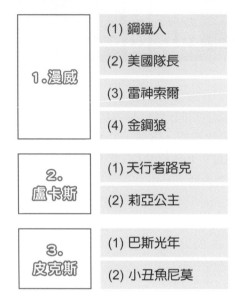

1.漫威	(1) 鋼鐵人
	(2) 美國隊長
	(3) 雷神索爾
	(4) 金鋼狼

| 2.盧卡斯 | (1) 天行者路克 |
| | (2) 莉亞公主 |

| 3.皮克斯 | (1) 巴斯光年 |
| | (2) 小丑魚尼莫 |

艾格執行長在總結這些併購案談判時，有如下幾點特別注意，才能成功談成：

（一）要尊重原有公司的品牌及員工。

（二）要讓原有公司的團隊繼續自主管理。

（三）要先理解對方的疑慮，才能將心比心的對話。

（四）要信守對他們的承諾。

（五）要爭取到他們的信任。

四、如何領導迪士尼二十萬人的團隊

艾格如何領導迪士尼龐大的組織體，他提出以下八點他的心得：

（一）聆聽

艾格表示，做高階領導人，你得聆聽其他人的問題，協助尋找解決方案；唯有聆聽，才能真正引領人心。

（二）尊重

其實部屬要的不多，他們只是要執行長的尊重與肯定，證明部屬他們自己的價值而已。

（三）放下身段與驕傲

艾格認為一個人擁有太久權力，未必是件好事；因為權力可能變成自負、驕

傲、不耐煩、不屑別人的意見、慢慢專斷、部屬不敢提創新意見。因此，艾格也認為一旦拋開迪士尼執行長頭銜，他自己也只是一個普通人而已。

（四）回歸初心，以誠待人

只要能以誠待人，就能讓無數的人，願意與他合作。

（五）切勿不懂裝懂

艾格指出，無論你是空降、進入新職場或接下新任務，第一守則就是切勿不懂裝懂。你必須問你需要問的問題，坦承你有不懂之處，而且不用為不懂抱歉，同時你要做好功課，盡快上手。艾格表示，底下這群人都是來幫你做事的，是你要帶著他們往前走，大家各司其職，效益才會高。

（六）要樂觀！不要悲觀

艾格指出，領導者的樂觀很重要，特別是在面對挑戰的時刻，被你領導的人，如果看見你悲觀、對未來沒信心，那麼組織就會瞬間潰敗。領導者一定要有信心、要正面思考、要看到夢想、要樂觀、要起而行、要往前走。

（七）別做只求穩健的事，要做有可能創造卓越的事

艾格指出，人類的天性都喜歡做穩健的事，但穩健太久，就變成沒有創造性，沒有創造性，就不會有突破性的進步與邁向卓越、更加成長。因此，他主張：穩健與創造性要並重。

（八）直覺的力量

艾格領導過程中，經常要做決策，但有時候很難下決策。他說：「無論你掌握多少資訊，最終仍有風險，要不要承擔風險，取決於個人的直覺、直觀能力，別輕忽最後直覺、直觀的力量，而能獨排眾議。」

圖3-8(1)　迪士尼：透過併購，加速成長

1. 2006 年：併購皮克斯（74 億美元）	**2.** 2009 年：併購漫威娛樂（40 億美元）
3. 2012 年：併購盧卡斯（40 億美元）	**4.** 2019 年：併購 21 世紀福斯（713 億美元）

圖3-8(2)　艾格執行長：領導迪士尼的八大要點

1. 聆聽	2. 尊重	3. 放下身段與驕傲	4. 回歸初心，以誠待人
5. 切勿不懂裝懂	6. 要樂觀！不要悲觀	7. 穩健與創新、創造並重	8. 直覺的力量

問題研討

1. 請討論近十五年來，迪士尼的企業市值有何變化？其各事業體營收占比為何？
2. 請討論艾格對董事會提出他上任後的三大優先任務為何？
3. 請討論迪士尼有哪四次的併購？艾格在併購談判時的五大要點為何？
4. 請討論艾格執行長在領導迪士尼的八項要點為何？
5. 總結來説，從此個案中，您學到了什麼？

個案九　家樂福：台灣最大本土量販店的成功祕訣

一、公司簡介

家樂福原是法國及全歐洲的第一大量販店，成立於 1963 年，已有 50 多年歷史。30 年前，家樂福進入台灣市場，與國內最大食品飲料統一企業集團合資合作，成立台灣家樂福公司。目前，台灣家樂福已有大店及中小型店計 320 多家，年營收額達 900 億元，已居國內本土第一大量販店。領先國內的大潤發及愛買等。（註：台灣家樂福公司在 2024 年已被統一企業完全收購，不再是外商公司。）

二、提供三種不同店型的零售賣場

根據家樂福官網顯示：

家樂福在台灣，長期以來都是提供 1,000 坪以上的大型量販店型態，目前全台已有 65 家這種大型店。但近幾年來，為因應顧客交通便利性需求，因此，家樂福也開展 200 坪以內的中型店，目前，此店型全台也有 250 家。此型態店，稱為「Market 便利購」，是以超市型態呈現，將賣場搬到顧客的住家附近，提供多樣的選擇，讓會員顧客輕鬆便利購買平日所需，讓生活更方便。

另外，因應網購迅速發展，家樂福也開發第三種型態店，即虛擬網購通路；網購通路不用出門，即可在家輕鬆以電腦或手機，方便下單，及宅配到府的方式。目前，家樂福實體店有 700 多萬會員，而網購也有 70 多萬會員。

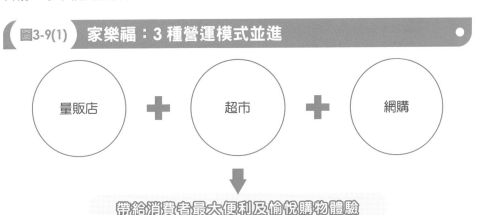

圖3-9(1)　家樂福：3 種營運模式並進

量販店　✚　超市　✚　網購

⬇

帶給消費者最大便利及愉悅購物體驗

個案
9

家樂福：台灣最大本土量販店的成功祕訣

三、家樂福三大服務策略

家樂福本著會員顧客至上的信念，對會員有三大承諾，如下：

（一）退貨，沒問題

會員於家樂福購買之商品，享有退貨服務；非會員退貨，則須帶發票，並且於購物日 30 天內辦理退貨。

（二）退您價差

只要會員發現有與家樂福販售的相同商品，其售價更便宜，公司一定退您差價金額。

（三）免費運送

如果有買不到的店內商品，公司一定幫您免費運送。

圖3-9(2)　自有品牌三大目的

1. 提供顧客更低價產品	2. 提高公司毛利率	3. 展現差異化特色賣場

四、加速發展自有品牌，好品質感覺得到

家樂福於 1997 年即開始逐步發展自有品牌的商品經營政策，這是參考法國家樂福及 TESCO（特易購）二大量販店的經營模式，它們的自有品牌占全年營收占比，均超過 40% 之高，與台灣差異很大。

家樂福發展自有品牌目的有三：一是提供顧客更低價的產品，二是提高公司的毛利率，三是展現差異化的特色賣場。家樂福發展自有品牌迄今，其占比已達 10%，未來努力空間仍很大。家樂福發展自有品牌，強調三大關鍵要點：

一是確保食安問題不發生，因此有各種的檢驗過程、要求及認證。二是要求一定的品質水準，不能差於全國性製造商品牌的水準，要確保一定的、適中的品質，以使顧客滿足及有口碑。三是要求一定要低價、親民價，至少要比以前製造商品牌價格低 10%～20% 才行。家樂福自有品牌取名為「家樂福超值」，品項已經超過 1,000 項之多，包括各種食品、飲料、衛生紙、紙用品、家庭清潔用品、蛋、米、泡麵等均有。

20 多年過去，家樂福自有品牌已受到消費者的接受及肯定，未來成長空間仍很大。

五、好康卡（會員卡）

家樂福也提供會員辦卡，稱為「好康卡」，即為一種紅利集點卡，每次約有千分之三的紅利累積回饋，目前辦卡人數已超過 700 萬人，好康卡的使用率已高達 90%，顯示會員顧客對紅利集點優惠的重視。

六、家樂福的 4 項經營策略

（一）一站購足，滿足需求

進到家樂福大賣場，一眼望去，陳列著各式各樣的商品系列，並有品牌指示，令人一目瞭然；由於家樂福大賣場大都有 1,000 坪以上，是全聯超市 200 坪規模的五倍之大，因此，其品項高達五萬多項，可以使顧客一站購足，滿足他們各種生活上的需求。這種一站購足（one-stop-shopping）也是大型量販店的最大特色。亦即各種品牌、各種款式、各種產品，大都能在這裡找到。

（二）從世界進口多元產品

家樂福也開設有進口商品區，引進各國多元的食品。另外，也經常舉辦紅酒週、日本節、韓國節、歐洲節、美國節等，引進該外國最具特色的產品來銷售，廣受好評。家樂福認為只要是消費者買不到的東西，就是它們必須努力及代勞的時候。

（三）嚴選生鮮商品

家樂福不僅乾貨品項很多，在生鮮商品的肉類、魚類、蔬果類品項，也很豐富陳列，並且特別重視產銷履歷、有機標章等，讓顧客能安心選購，30 多年來，都沒發生過食安問題，顯示家樂福的嚴謹制度與管控要求。

（四）貫徹 only yes 的服務要求

家樂福對賣場的各項服務都不斷努力精進，在各種設施或人力上的服務，都力求做到顧客最滿足。亦即 only yes，沒有說不的權利。

圖3-9(3) 家樂福：4 項經營策略

1. 從世界進口商品	2. only yes 服務政策
3. 家樂福嚴選生鮮	4. 一站購足 (one-stop-shopping)

七、未來 5 種觀點與看法

（一）優化消費者購物體驗

家樂福認為零售賣場的布置、陳列及服務，一定要不斷精進且優化消費者在賣場內享受購物的美好體驗才行。

（二）競爭是動態的

家樂福認為零售同業或跨業的競爭不是靜態不變，反而是動態且激烈變化的，因此必須時時保持警惕心及做好洞察與應變計畫，才能保持領先。

（三）全新角度去檢視

家樂福認為未來將是極具挑戰及變化的，因此必須採取全新角度去檢視大環境及競爭的變化，不能因循舊的角度及觀念。

（四）轉型沒有終點

家樂福過去幾年來，在賣場型態大幅改革轉型，未來仍將持續變化，此種變革是沒有終點的。唯有變，才能生存於未來。

（五）未來，是消費者的世界

家樂福認為未來擁有通路雖然很重要，但更重要的是擁有消費者，沒有消費者，一切都是空談，未來將是消費者的世界。

圖3-9(4)　未來五種觀點

1. 優化消費者購物體驗

2. 競爭是動態的

3. 用全新角度去檢視

4. 轉型沒有終點

5. 未來是消費者的世界

八、關鍵成功因素

總結來說，台灣家樂福的成功，主要關鍵因素有下列 8 點：

（一）具有一站購足特點！能滿足消費者購買生活所需的需求性。

（二）低價。家樂福與全聯超市近似，都是在比誰能推出低價商品競爭力。

（三）競爭對手不多。嚴格來說，量販店必須要大的坪數才能經營，也要有足夠
　　　財力支持才行，目前家樂福面對大潤發及愛買的競爭性不高。

（四）3 種店面型態，具多元化。目前家樂福有大型店、中小店及網購三種型態，
　　　具有線上及線下整合兼具的好處，對消費者很方便。

（五）目標客層為全客層。家樂福的目標客層有家庭主婦、有上班族，有男性、
　　　有女性、有小孩，也有銀髮族，目標客層為全客層，非常寬廣，有利業績
　　　提升及鞏固。

（六）定位正確。家樂福大賣場的定位在 1,000 坪以上空間、大型、品項 4 萬項
　　　以上、具一站購足的定位角色很明確及正確。

（七）品質控管嚴謹。家樂福賣的大多是和吃的有關，因此特別重視食品安全及
　　　品質控管的嚴謹度。

（八）發展自有品牌。家樂福 30 年來，已不斷精進改善自有品牌的品質及形象，
　　　獲得大幅改善，未來成長空間將很大。

圖3-9(5)　家樂福的關鍵成功因素

1. 消費者能夠一站購足	2. 低價	3. 競爭對手不多	4. 三種多元化的店面型態
5. 目標客層為全客層	6. 定位明確	7. 品質控管嚴謹	8. 發展自有品牌成功

你今天學到什麼了？
——重要觀念提示——

1. 零售業發展三種不同店型模式，滿足消費者便利性需求

2. 企業應秉持會員／顧客至上信念，提出對顧客的完美服務承諾！並 100%
貫徹落實它

3. 零售業發展自有品牌的成功性很高，而且可帶來多重效益，是正確的策略
方向。

4. 零售業必須不斷的優化消費者美好購物體驗，這才是與電商（網購）競爭
的好武器

5. 企業的競爭是動態的，不是靜態的，因此，必須時刻保持警惕心並做好應
變準備

6. 未來，必是消費者的世界，企業必須更洞悉消費者、更滿足消費者需求，
更以消費者為念

經營關鍵字學習

1. 優化消費者購物體驗

2. 競爭是動態的

3. 轉型沒有終點

4. 用全新的角度去檢視一切

5. 未來，是消費者的世界

6. 一站購足的需求（one-stop-shopping）

7. 零售業自有品牌（PB 產品，Private Brand）

8. 確保食安問題

9. 展現差異化特色

10. 多元化營運模式並進

11. 信守服務承諾

12. 低價策略

13. 服務全客層

14. 定位正確

15. 品質控管嚴謹

問題研討

1. 請討論家樂福的 3 大承諾為何？
2. 請討論家樂福提供哪 3 種不同店型？為什麼？
3. 請討論家樂福的自有品牌發展如何？
4. 請討論家樂福的好康卡如何？
5. 請討論家樂福的 4 項經營策略為何？
6. 請討論家樂福對未來經營的 5 種觀點為何？
7. 請討論家樂福的成功關鍵因素為何？
8. 總結來說，從此個案中，您學到了什麼？

家樂福：台灣最大本土量販店的成功祕訣

個案 10 台灣好市多（Costco）：台灣第一大美式量販店經營成功祕訣

一、大型批發量販賣場的創始者

美國好市多（Costco）全球大賣場計有 766 家店，全球收費會員總數超過 9,000 萬，是全球第二大零售業公司，僅次於美國的 Walmart（沃爾瑪）。

好市多於 1997 年，即 20 多年前來台灣，首家店開在高雄，目前全台有 14 家店，都是大型賣場。目前會員總數，全台為 400 萬人，年營收達 1,200 億新台幣，超過家樂福，可說是台灣最大的量販店大賣場。

圖3-10(1)

| 全台 14 家大店 | + | 台灣繳費會員總數 400 萬人 | + | 台灣年營收達 1,200 億台幣 | + | 台灣第一大量販店 |

二、好市多（Costco）的商品策略

根據官網顯示，好市多（Costco）的優良商品策略，有以下四點：

（一）選擇市場上受歡迎的品牌商品。

（二）持續引進特色進口新商品，以增加商品的變化性。

（三）以較大數量的包裝銷售，降低成本並相對增加價值。

（四）商品價格隨時反映廠商降價或進口關稅調降。

圖3-10(2) 商品策略

| 1. 選擇市場上受歡迎的品牌商品 | 2. 持續引進具有特色進口新商品 | 3. 以大包裝銷售 | 4. 商品價格隨時反映廠商降價或關稅調降 |

三、毛利率不能超過 12%，為會員制創造價值

美國總部有規定，各國好市多（Costco）的銷售毛利率不能超過 12%，而以更低售價，反映給消費者。一般零售業，例如：台灣已上市的統一超商及全家的損益表毛利率，一般都達 30%～35% 之高，但全球的好市多（Costco），毛利率只限定在 12%；這種低毛利率反映的結果，就是它的售價會因此更低，而回饋給消費者。

那麼，好市多（Costco）要賺什麼呢？主要獲利來源，就是賺會員費收入；例如：台灣有 300 萬會員，每位會員年費約 1,350 元，則 400 萬會員乘上 1,350 元，全年會員費淨收入，就高達 50 億之多，這是純淨利收入。能靠會員費收入的，全球僅有好市多（Costco）一家而已，足見它是相當有特色及值得會員付出年費。好市多（Costco）的訴求，則是如何為消費者創造出收年費的價值。亦即，能讓顧客用最好、最低的價格，買到最好的優良商品以及其他賣場不易買到的進口商品。

好市多（Costco）的台灣會員卡，每年續卡率都高達 92%，這又確保了每年 50 億多元的淨利潤來源。

圖3-10(3) 會員卡一年淨收入達 50 億元

- 會員人數 400 萬人
- 每人每年繳交 1,350 元

全年會員費淨收入
達50億元

四、幕後成功的採購團隊

台灣好市多（Costco）經營成功的背後，即是有一群高達 80 多人的採購團隊，他們是從全球 10 多萬品項中，挑選出 4,000 種優良品項而上架販賣。採購團隊的成功，有幾點原因：

一是這 80 多人都具有多年商品採購的專業經驗。二是他們從台灣本地及全球各地去搜尋適合台灣的好產品。三是任何產品要上架，他們都要經過內部審議委員會多數通過後，才可以上架。因此，有嚴謹的機制。四是他們站在第一線，以他們的專業性及敏感度為顧客先篩選，選出好的且適合的才上架。

圖3-10(4)　採購團隊四大成功原因

| 1. 具有相當專業經驗 | 2. 從台灣及全球搜集最適合產品 | 3. 有嚴謹商品審議會流程機制 | 4. 站在顧客立場，為顧客選出優質產品 |

五、以高薪留住好人才

台灣好市多每家店約僱用 400 人，全台 14 家店約僱用 5,000 多人，其中有 8 成第一線現場人員是採用時薪制，好市多給他們的薪水相當不錯，以每週工作 40 小時計，每月的薪水可達到 4 萬元之高，比外面同業的 3 萬元薪水，要高出 3 成之多。另外，台灣好市多也用電腦自動加薪，每滿一年就按制度自動加薪，都是標準化、自動化的，不會用人工，以免疏漏。台灣好市多認為，給員工最好的待遇，就是直接留住人才的最好方法。這是好市多在人資做法上的獨道之處。

六、企業文化鮮明

台灣好市多是遵從美國總部的理念，它有 4 大企業文化，就是：（一）守法；（二）照顧會員；（三）照顧員工；（四）尊重供應商。

圖3-10(5)　四大企業文化

守法　✚　照顧會員　✚　照顧員工　✚　尊重供應商

七、販賣美式商場的特色

台灣好市多的最大特色，就是它跟台灣的全聯、家樂福大賣場都不太一樣，好市多是販賣美式文化、美式商場的氛圍，而全聯及家樂福則是本土化感覺。好市多全賣場僅約 4,000 品項，家樂福則為 4 萬品項，但好市多品項有 4 成都是從美國進口來台灣的，美式商品的感受很濃厚，這是它最大特色。

八、關鍵成功因素

台灣好市多（Costco）經營 20 多年來，已成為國內成功的大賣場之一，歸納其關鍵成功因素，有下列七點：

（一）商品優質，且進口商品多，有美式賣場感受

商品大多經過採購團隊嚴格的審核及要求，因此，大多是品質保證的優良商品，而且進口商品，有美式賣場感受，與國內其他賣場有明顯不同及差異化特色，吸引不少消費者長期惠顧。

（二）平價、低價，有物超所值感受

毛利率只有 12%，因此，相對售價就較低，因此，到好市多購物就有平價、低價的物超所值感受，而這就是年付 1,350 元的權益。

（三）善待員工，好人才留得住

以實際的高薪回饋給第一線員工，並有其他福利等，如此善待員工，終於留得住好人才；而好人才也為好市多做更大的貢獻。

（四）大賣場布置佳，有尋寶快樂購物感覺

由於是美式倉儲大賣場的布置，因此視野寬闊，進到裡面有種尋寶快樂購物的感覺，會演變成再次習慣性的購物行為。

（五）保證退貨的服務

推出只要商品有問題，就一律退貨的服務，也帶來好口碑。

（六）會員制成功

台灣好市多（Costco）成功拓展出 400 萬名繳交年費的會員，一年有 50 億收入，成為好市多最大利潤的來源，因此，它可以用低價回饋給會員，創造會員心目中年費的價值所在。因此，好市多就不斷努力在定價、商品及服務上，創造出更多、更好的附加價值，回饋給顧客，形成良性循環。

（七）賣場兼用餐的地方

每個賣場，除了賣東西之外，也有美式速食的用餐地方，方便顧客肚子餓了，有可以吃東西的地方，這也是良好服務的一環，設想周到。

圖3-10(6)　成功七大因素

1.
商品優質且進口商品多

2.
低價，有物超所值感

3.
善待員工，好人才留得住

4.
大賣場有尋寶購物快樂感受

5.
保證退貨服務

6.
會員制成功

7.
賣場兼有用餐的地方

九、核心理念與價值

　　根據台灣區的 2019 年秋季版會員生活雜誌，提到好市多（Costco）的 3 大核心理念與價值如下：

（一）對的商品－每一個品項都是我們的明星商品

　　我們所販售的商品與服務，都是為了使會員的生活更豐富、愉快，更重要的是，我們推出能讓會員感到滿足的品項，能夠進入好市多（Costco）賣場等待上架的商品，皆經過一番嚴格篩選，才能夠登上賣場的舞台，因此每一項商品都是我們的明星商品。

（二）對的品質－貫徹到底的品質控管

　　我們的採購團隊會到商品的製造場所確認品質，也會從勞工、原物料、勞動環境、衛生狀態等多方考慮、調查，如果未能達到好市多（Costco）品質控管的標準，無論是市面上再熱門的商品，在對方徹底改善之前，我們都不願上架銷售。如此嚴格的標準，也代表我們對會員的責任。

（三）對的價格－盡可能的低價

　　在設定銷售價格時，我們首先考慮的絕不是如何獲利的計算方法。確保了對的商品與對的品質之後，我們才會開始評估進貨成本，包括：生產者的堅持與講究、商品的運輸成本、在市場上的品質優勢、與其他競爭廠商的價格比較，以及所有相關人員的付出來做出評價，藉此設立最適當的價格。

圖3-10(7) 三大核心理念

對的商品　　　　對的品質　　　　對的價格

你今天學到什麼了？
——重要觀念提示——

❶ 全球唯一一家採收費會員制可以成功的，只有好市多（Costco）
❷ 三大核心理念，就是：用對的商品、對的品質、對的價格，提供給消費者
❸ 大賣場讓消費者有尋寶快樂的體驗感覺
❹ 零售百貨業必須選擇市場上受歡迎品牌且具特色的商品給顧客
❺ 零售百貨業應該努力控制毛利率，為會員顧客創造可感受到的價值，並回饋給會員顧客
❻ 零售百貨業應站在顧客立場，以最好的價格、最優質商品及別的賣場買不到的商品，提供給顧客
❼ 零售百貨業必須組建強大的商品採購團隊，才能打造出賣場強大的商品力

經營關鍵字學習

❶ 以高薪留住好人才
❷ 建立電腦自動加薪制度
❸ 打造優良企業文化、組織文化
❹ 販賣美式商場特色
❺ 平價、低價、物超所值感受
❻ 善待員工、照顧員工

祕訣　台灣好市多（Costco）：台灣第一大美式量販店經營成功

經 營 關 鍵 字 學 習

7. 保證退貨制度

8. 收費會員制的成功

9. 續卡率達 90%

10. 增加賣場尋寶購物體驗感受

11. 貫徹到底的品質控管

12. 強大採購團隊

13. 每一個品項都是我們賣場的明星商品

14. 商品審議委員會

15. 為會員顧客創造高附加價值

問題研討

1. 請討論好市多的商品策略為何？

2. 請討論好市多為何毛利率不能超過 12%？

3. 請討論好市多的會員卡有多少人？年收費多少？消費者為何願付年費？

4. 請討論好市多的採購團隊狀況如何？

5. 請討論好市多如何留住好人才？

6. 請討論好市多的成功關鍵因素為何？

7. 請討論好市多 3 項核心理念與價值為何？

8. 總結來說，從此個案中，您學到了什麼？

個案 11　新光三越百貨：台灣百貨龍頭的改革創新策略

一、面對 4 大挑戰

國內百貨公司近幾年來，有了很大變化，主要是面對下列 4 大挑戰：

（一）面對電商（網購）瓜分市場的強烈競爭壓力。尤其，電商業者在網路上的商品品項多、超取及宅配快速到家，以及價格較低，受到年輕消費者的歡迎。

（二）面對新時尚服飾品牌的強烈競爭，例如：優衣庫（Uniqlo）、Zara、H&M 等瓜分不少百貨公司二樓服飾專櫃的生意。

（三）面對國內連鎖超市、連鎖大賣場、連鎖 3C 店及連鎖美妝店大幅展店而瓜分市場的不利影響。

（四）面對近幾年國內經濟成長緩慢，景氣衰退，買氣也縮小之影響。

圖3-11(1)　面對四大挑戰

1.	2.	3.	4.
面對電商瓜分市場的挑戰	面對快時尚服飾品牌的競爭	面對各連鎖賣場的擴大競爭	面對國內經濟景氣的遲滯

二、因應的 6 大應對策略

新光三越身為國內百貨公司的龍頭老大，其應對外部的挑戰有下列 6 個策略：

（一）策略 1：重新定位及區隔

新光三越百貨面對外部環境巨變及競爭壓力，展開重新定位及區隔：

- 總定位：不再是純粹買東西的百貨公司，而是提供顧客體驗美好生活的平台與中心（living center）。
- 台北信義區 4 個分館的區隔定位：
  1. A11 館：以年輕族群為對象。
  2. A9 館：以餐飲為主力。
  3. A8 館：以全家庭客層為對象。
  4. A4 館：精品館。

（二）策略 2：擴大餐飲美食，變成百貨公司最大業種

餐飲是可以吸引消費者上百貨公司的主要業種，因此，新光三越在改裝上，就刻意擴大餐飲美食的坪數，目前它的營收額已超越一樓化妝品及精品類，成為百貨公司內的最大業種別，營收占比已達 25% 之高。

（三）策略 3：多舉辦活動及劇場

新光三越為吸引人潮到百貨公司，因此，近年起，每年舉辦超過數十場次的舞台劇、表演工作坊及大大小小的展覽活動等；事實證明達到了效果。

（四）策略 4：空間設計創意突破：

新光三越把二樓天橋連接四個館，將每個百貨公司的牆面打開，並設立新專櫃，讓往來行人能一眼看到館內的品牌商品陳列，而非過去冷冰冰的玻璃，提高消費者入門誘因及觀賞，不只是路過而已。

（五）策略 5：打破一樓專櫃邏輯

過去一樓都是化妝品及精品的專櫃陳列，現在則是改為汽車展示、咖啡館、快閃店等突破性做法。

（六）策略 6：驚喜打卡活動

例如：在耶誕節，新光三越與 LINE friends 合作，布置 17 公尺超大型耶誕樹，吸引人潮打卡上傳 IG 及 FB，以吸引年輕人潮，及做好社群媒體口碑宣傳。

圖3-11(2)　新光三越：6 大應對策略

1. 重新定位及區隔
2. 擴大餐飲美食的占比
3. 多舉辦活動及劇場以吸引人潮
4. 空間設計創意突破
5. 打破一樓專櫃邏輯
6. 驚喜打卡活動

三、面對台北信義區 14 家百貨公司的高度競爭看法

新光三越高階主管面對前述四大挑戰，以及台北信義區面對 14 家百貨公司高度競爭之下的未來前景有何看法時，表示如下意見：

（一）若追不上顧客需求，就會被淘汰。

（二）雖面對競爭，但可以把市場大餅共同做大。

（三）競爭也會帶進更多人潮，市場總規模產值會更成長。

（四）不怕競爭，隨時要機動調整改變。

（五）要快速求新求變，滿足顧客的需求。

（六）要加速改革創新的速度，走在最前面，超越市場挑戰。

（七）重視第一線銷售觀察，精準掌握顧客需求。

你今天學到什麼了？
——重要觀念提示——

1. 當企業面臨嚴重困境時，必須思考重新定位！定位在一個可以活下去的生存環境中

2. 哪一種可以吸引消費者的業種，就是百貨業者必須加速引進的！消費者的真正需求，才是做決策的根本思維

3. 當百貨零售業面對困難，一定要從軟體與硬體思考如何改造，才能吸引消費者上門

4. 在激烈變動的環境中，若追不上顧客需求，就會被淘汰

5. 企業經營要不怕競爭，隨時要機動調整及改變

6. 要快速求新、求變、求更好，才能突破危機

7. 零售百貨業必須組建強大的商品採購團隊，才能打造出賣場強大的商品力

經營關鍵字學習

1. 面對挑戰
2. 應對策略
3. 隨時應變
4. 唯快不破
5. 求新、求變、求更好
6. 改變定位！重新定位
7. 市場區隔
8. 打破傳統邏輯
9. 面對困境，要有新思維！新做法
10. 若追不上顧客需求，就會被淘汰
11. 共同把市場大餅做大
12. 不怕競爭，隨時要機動、調整、改變
13. 滿足顧客變化中的需求與想望，是企業致勝的根本核心

問題研討

1. 請討論國內百貨公司面對哪 4 大挑戰？
2. 請討論新光三越有哪 6 大應對策略？
3. 請討論新光三越面對台北信義區有 14 家百貨公司的高度競爭下，有何看法？
4. 總結來說，從此個案中，您學到了什麼？

個案 12　Welcia：日本藥妝龍頭的成功祕訣

一、日本最大藥妝連鎖店

　　Welcia 是日本最大的藥妝連鎖店，2023 年營收達 7,000 億日圓（約 1,900 億台幣），全日本計有 1,700 多家分店，規模遠超過松本清、鶴羽，以及 Tomod's 等競爭對手。

　　Welcia 集中在東京為主的關東地區，過去以郊區大型店為主，都有 180 坪～ 300 坪；現在則改為人口密集市區的小型店。

圖3-12(1)　日本 Welcia 藥妝、美妝連鎖店

1.	2.	3.	4.
日本第一大	年營收 7,000 億日圓	大型店居多（180 坪～ 300 坪）	全日本有 1,700 家店

　　現在，Welcia 的主要競爭對手不只是同業，更是面對便利商店的挑戰。那麼，Welcia 有何應對策略呢？

二、以低價食品吸客，再憑高價藥妝品賺利潤

　　Welcia 找到便利商店的 3 大缺失與弱點：

● 第一是它的價格偏高

　　Welcia 的對策是推出低價食品，如此做法，吸引了不少家庭主婦及中高齡女性在店內搶購比超市及便利商店更便宜低價的零食與食品；此亦成功吸引不少新來的顧客群。

● 第二是招募人手不易

　　日本便利商店最近出現招募兼職人員不易的狀況，成為營運上的困擾；面對此狀況，Welcia 的對策是提高員工時薪，每個小時給兼職員工 1,510 日圓（約 420 台幣），比日本 7-11 的時薪還高出 20%，吸引了不少兼職人員。為何 Welcia 能夠給與較高薪水，這是因為它的藥妝品利潤較高，例如：藥品有 4 成

多毛利率，化妝品也有 35%，這些都比 7-11 的商品毛利率更高。

● **第三是因應高齡化對策**

　　Welcia 約 7 成都是大型店，裡面有足夠空間可以設立藥品調配室，並肩負社區藥局的功能，又聘有藥劑師及營養師，使 Welcia 周邊的中高齡居民都可以有拿藥或諮詢的方便性，這是日本 7-11 做不到的生意。因應日本超高齡化時代的來臨，Welcia 這方面的業績成長很快。

　　另外，Welcia 目前已有 2 成店開始 24 小時營業，提供更多消費者夜間拿藥或買保養品的方便性，追上日本 7-11 的便利性優勢。

三、歸納成功因素

　　總結來說，歸納出 Welcia 為何近幾年來能夠快速超越同業競爭對手，而躍居最大藥妝連鎖店的重要成功因素有五點：

（一）打破傳統，開始銷售低價食品，成功帶進另一批人潮。

（二）展開 24 小時全天候營業，成為繼便利商店業者之後的跟隨者，大大方便顧客夜間上藥局買藥的需求性。

（三）在大型店成立處方藥的調配室，成為藥妝店的另一個特色，而不是只有銷售化妝保養品而已。

（四）藥品及化妝品的毛利率均較高，能夠支撐兼職員工較高薪水及低價食品。

（五）快速展店的開拓策略，目前已有 1,700 多家門市店，占有市場空間及利基點。

四、存在的根本原因

　　近 3 年來，Welcia 平均每年營收成長均高達 14%，遠比日本 7-11 成長率僅 4%，超過甚多。

　　針對這種現象，Welcia 的現任社長表示：「光靠便利商店或超市，並不能全部滿足消費者在生活上的所有需求：Welcia 過去、現在到未來，都能秉持著正確的經營戰略，並貫徹做到 100% 滿足顧客現在及未來需求，這才是在這個行業為何能成功或失敗的關鍵所在。」

圖3-12(2) 日本 Welcia：5 大成功因素

1.
快速展店
（1,700 店）

2.
24 小時營業

3.
銷售低價食品，
吸引人潮

4.
具備社區藥局功能

5.
藥妝產品毛利率
較高

 圖3-12(3) 日本 Welcia：正確的經營戰略

正確的經營戰略
・吸引消費者
・滿足消費者現在及未來的需求
・提高來店頻率

 你今天學到什麼了？
——重要觀念提示——

❶ Welcia：日本最大藥妝、美妝連鎖店

它的成功因素有：

(1) 展開 24 小時全天候營業

(2) 大型店可成立處方藥調劑室（這一點，台灣的藥妝店做不到）

(3) 快速展店，已達 1,700 店規模

(4) 銷售低價的食品，不限於藥妝、美妝品

由以上來看，日本 Welcia 連鎖店已經做了很多創新，所以才會領先

❷ 日本 Welcia 藥妝店認真貫徹做到 100％滿足顧客現在及未來的需求，所以它贏得了顧客的心

個案
12

Welcia：日本藥妝龍頭的成功祕訣

279

經 營 關 鍵 字 學 習

1. 藥妝店 24 小時營業
2. 快速展店
3. 銷售低價食品
4. 突破傳統
5. 100％滿足顧客現在及未來的需求
6. 贏得顧客心
7. 大型店居多
8. 因應高齡化對策
9. 成立處方藥調配室
10. 秉持正確的經營戰略！

個案 13　日本龜甲萬、TOTO：放眼 100 年後市場的創新策略

一、龜甲萬公司簡介

1917 年，100 多年前，由日本野田市的幾大醬油釀造家族聯合設立的「野田醬油公司」，為龜甲萬的前身，利用得天獨厚的地利，以供應更穩定的醬油及提升醬油品質為目標。1964 年，該公司改名為「龜甲萬醬油公司」。

1990 年，他和台灣統一企業合資成立「統萬公司」，正式將該品牌引進台灣。如今，龜甲萬在日本擁有 3 個生產據點，在海外亦有 7 個據點，其醬油的愛用者遍布世界 100 多個國家；在許多國家中，「KIKKOMAN」（龜甲萬）已成為美味醬油的代名詞。

二、開發出新醬油

龜甲萬在日本醬油市占率達 3 成之多，是具有百年歷史的好口碑。但日本國內醬油市場受少子化影響，過去 1 年出貨 12 億公升，如果只剩下 2/3，少掉 1/3 市場銷售量；工廠也減少 1 千家，目前持續在萎縮中。

但龜甲萬認為：人類只要吃，就一定要有醬油，是人類永遠的需求。隨著日本料理普及到海外，未來 1 百年的市場規模，就是全球人類的嘴巴及胃了。它認為，能否百年後仍存活，要看準百年後的趨勢。

龜甲萬 2023 年營收額為 5,000 億日圓，60％來自海外收入，獲利 71％亦來自海外；該品牌賣醬油到全球超過 100 個國家，未來它還把南美洲、印度、非洲定位為深具潛力的待開發新市場，將可持續提升海外總銷售量，未來成長可期。

在研發上，該品牌為配合健康風潮，公司也推出減鹽醬油及香醇醬油，不斷追求創新，近期還推出可降血壓醬油，不只是守成，未來它將會持續創新到 100 年後。

> **圖3-13(1)　龜甲萬、TOTO：百年後依然強大的企業**

1. 龜甲萬醬油	2.TOTO 衛浴設備

↓

**已有100年成立歷史
再100年後依然強大的企業**

三、TOTO 開發未來馬桶

　　日本知名的衛浴設備品牌 TOTO，已有 100 年歷史。海外營收占 22%，但它在印度潛力市場仍建新廠，在東南亞新興國家仍設立分公司，積極推廣銷售現代化的馬桶及衛浴設備，在已開發國家則努力提升馬桶新功能。

　　2019 年 3 月，在德國舉辦的住宅設施展會上，TOTO 品牌展示未來產品，包括：只要坐上去即可量體重、量體脂肪率、量體溫的三量馬桶；另外，在洗澡中，可量測大腦狀態，自動調節水溫及照明，能讓人放輕鬆的衛浴設備。

四、百年後仍然強大的企業

　　根據預估 2024 年～ 2030 年，日本經濟成長率僅有微小的 1%～ 2% 而已，各家企業都面臨很大的成長及競爭壓力，各家企業都在尋求突破。

　　但日本很多優良中大企業，都在放眼百年之後，它們認為要成為百年後仍強大的企業，第一步即要將眼光從當下、從現在移往百年之後，並做好各項研發、市場、行銷、技術、產品、品質的創新準備才行，這樣才能戰勝外在環境的劇烈變化與市場競爭。

圖3-13(2)　龜甲萬、TOTO：持續六大創新，才能百年長春

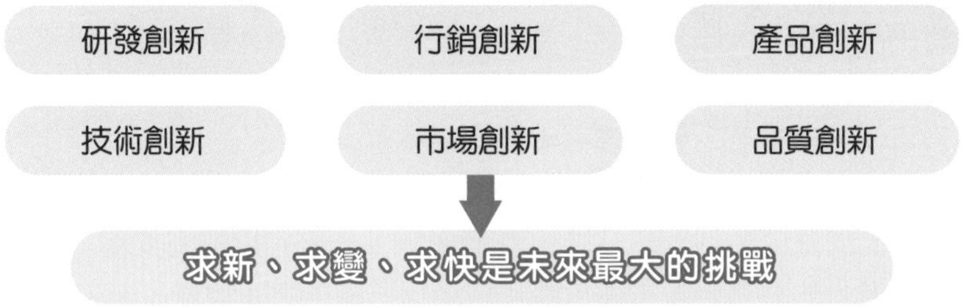

研發創新	行銷創新	產品創新
技術創新	市場創新	品質創新

求新、求變、求快是未來最大的挑戰

❶. 日本第一名的龜甲萬醬油及第一名的衛浴設備 TOTO，都已經是 100 年以上的企業了，本篇個案是在講述這 2 個企業都在努力放眼下一個 100 年後的市場創新策略。希望透過持續創新，百年後這二家企業仍然繼續強大生存著

❷. 任何企業要從事創新，可從下列 7 種方向創新：

(1) 研發創新

(2) 技術創新

(3) 行銷創新

(4) 服務創新

(5) 產品創新

(6) 品質創新

(7) 市場創新

經 營 關 鍵 字 學 習

❶. 放眼 100 年後市場的前瞻眼光

❷. 持續創新策略

❸. 開發出新醬油

❹. 市場萎縮中

❺. 百年後仍能存活的企業

❻. 要看準 100 年後的趨勢變化

❼. 仍可開拓海外市場潛力

❽. 企業絕不能只是守成而已

❾. 成為百年後依然強大的企業

❿. 開發未來衛浴設備

⓫. 在激烈競爭中，尋求突破點

⓬. 持續創新，才能成就百年企業！

個案 13

日本龜甲萬、TOTO：放眼 100 年後市場的創新策略

問題研討

1. 請討論龜甲萬公司簡介及其產品創新為何？
2. 請討論 TOTO 公司的產品創新為何？
3. 請討論百年企業持續的 6 大創新為何？
4. 總結來說，從此個案中，您學到了什麼？

第四篇
總歸納篇

總歸納之 1　成長戰略全方位整體架構圖

圖4-1　成長戰略全方位整體架構圖示

1.
- 中長期（2024～2030年）經營計劃與願景
- 企業、集團永續成長目標達成

2.外部大環境變化與趨勢
（風險與機會）
（威脅與新商機）

3.經營戰略

- (1) 深耕既有事業戰略
- (2) 開拓新事業、新領域戰略
- (3) 布局全球戰略
- (4) 集團化、控股公司化戰略
- (5) ESG永續經營戰略

- (1) 政治環境
- (2) 經濟與景氣環境
- (3) 科技環境
- (4) 產業競爭環境
- (5) 供應鏈環境
- (6) 法規環境
- (7) 社會/人口環境

4.各功能戰略
（12種）

| (1)人才戰略 | (2)財務戰略 | (3)技術與研發戰略 | (4)新產品開發戰略 | (5)採購戰略 | (6)製造戰略 | (7)物流戰略 | (8)銷售戰略 | (9)行銷戰略 | (10)服務戰略 | (11)會員經營戰略 | (12)IT資訊戰略 |

5.8項重要經營基盤/資源/資本

6.最終經營績效9大指標
（每年）（2024～2030年）

7.成長戰略專責組織

- (1) 人才資本
- (2) 財務資本
- (3) 技術/IP資本
- (4) 社會關係/客戶資本
- (5) 全球化網絡資本
- (6) 企業文化資本
- (7) 製造資本
- (8) 品牌資本

- (1) 合併營收額及其成長率
- (2) 合併獲利額及其成長率
- (3) 毛利率及其成長率
- (4) EPS及其成長率
- (5) ROE及其成長率
- (6) 公司股價及其成長率
- (7) 公司總市值及其成長率
- (8) 國內及全球產業市佔率
- (9) ESG推動成果

- (1) 經營企劃部
- (2) 集團成長戰略規劃推動委員會

總歸納之 2　企業追求永續經營的 15 個成長戰略面向

總結來說，企業或集團追求永續成長的 15 個成長戰略面向，如下圖示：

圖4-2 企業 15 個成長戰略面向

1. 深耕既有事業成長戰略面向	2. 開拓新事業、新領域成長戰略面向	3. 併購／收購別家公司成長戰略面向
4. 全球化布局及海外市場成長戰略面向	5. 新產品開發及上市成長戰略面向	6. 品牌價值強化、提升成長戰略面向
7. 快速展店成長戰略面向	8. 產品組合優化、多樣化成長戰略面向	9. 技術、研發升級與領先成長戰略面向
10. 銷售人員團隊強化與提升成長戰略面向	11. 行銷宣傳與促銷推動成長戰略面向	12. ESG 落實推進成長戰略面向
13. 國外品牌進口代理成長戰略面向	14. 子公司、孫公司 IPO 上市櫃成長戰略面向	15. 物流中心建置成長戰略面向

1

Value Creation Model
（價值創造模式）

2

價值創造五大源泉：
(1) 人才資本
(2) 財務資本
(3) 製造資本
(4) IP、技術資本
(5) 製造資本

3

EVA 經營
（經濟附加價值經營）

4

4.兩利經營：
● 既有事業＋新事業，均要
　經營很好，很用心

5

ESG 實踐：
● E：環境保護、節能減碳
● S：社會關懷、社會責任
● G：公司治理、正派經營

6

朝向數位轉型推進

7

人才開發及人才活用的
最大化發揮

8

永續經營（Sustainable
Business）

9

成長型經營（Growth
Model Business）

10

· 合併年營收額
· 合併年獲利額
· 合併 EPS
· 合併 ROE

11

事業投資區分 3 類：
(1) 穩固安定獲利事業領域
(2) 增加未來成長事業啟動
　　領域
(3) 改善必須要改革事業領
　　域

12

對「事業經營組合」管
理 的 強 化（Bussiness
Portfolio）

13

經常性保持對現狀經營不滿足，追求好，還要更好

14

企業要持續性革新、改革、變革、創新、求進步

15

企業不要害怕創新失敗，有失敗，才會有成功機會

16

未來成長 4 面向：
(1) 從既有技術、新技術著手
(2) 從既有市場、新市場著手

17

人才戰略，就是追求員工個人＋組織能力的最大化發揮

18

消費品行業，要特別注重銷售戰略＋行銷戰略的兩大戰略強化與發揮

19

公司價值鏈（Corporate Value Chain）

20

公司價值鏈，就是指在這些活動上發揮更大價值：
(1) 技術與研發
(2) 新商品開發
(3) 設計
(4) 採購
(5) 製造
(6) 物流
(7) 銷售
(8) 行銷
(9) 服務

21

現在企業都必須面對嚴厲與高度的國內／國外競爭壓力

22

朝向全球化經營、管理與品牌行銷

23

企業成長原動力，就在於企業有強大的「經營基盤」

24

加強投入科技研發，就能保持企業的領先與成長

25

做好各方利益關係人的回饋，包括：
(1) 大眾股東
(2) 全體員工
(3) 董事會
(4) 供應商
(5) 客戶
(6) 社會

總歸納之3

156個成長戰略重要「關鍵字」及重要「觀念」

26

企業必須集中大多數經營資源在：成長事業領域

27

邁向 CSV 企業（Create Share Value）：創造共享的企業，兼顧企業與社會的利益

28

儘可能運用價值競爭，而不要用低價格競爭

29

企業應努力提高更高、更多的附加價值出來，成長道路才會走得遠

30

強調「組織能力」的強化與全面提升（Organizational Capability）

31

永保「成長型」企業，創造企業價值最大化（Growth Value）

32

要朝向「事業經營組合」的最佳化、最適化（Business Portfolio）

33

企業必須持續深耕、深化既有事業（本業），守住既有事業的獲利性

34

企業應大膽往新領域、新事業、新成長空間挑戰前進

35

對成長領域的事業體，必須持續大力投資，才能保持領先

36

企業要加強培育未來「經營型」人才，保持企業的成長

37

企業必須做好「ESG 永續經營」的全力實踐

38

數位化及 AI 化，是產業競爭的必要條件

39

全球化企業必須注意全球各區域的任何變化

40	41	42
透過供應鏈，創造我們獨特的價值	要對應消費者對老年化及健康化的新需求	要向亞洲市場更加速推進及成長

43	44	45
集團仍要保持每年營收 3%～5%的成長性	要加大「PB 自有品牌」事業的繼續擴大及成長，以建立起自身特色	我們要成為：360 度全方位事業的創造者

46	47	48
堅持「挑戰」與「創造」的企業價值觀	要積極訂下未來中長期（2024 ～ 2030 年）經營計劃	創造永續性未來（Create Sustainable Future）

49	50	51
我們擁有強大的「三井集團人才」	要全力開展我們的「核心」+「週邊」事業拓展	要持續向上提升我們的「企業價值」

52	53	54
「人才」+「戰略」，是集團成長的 2 大核心點	要持續強化及提升整個「集團經營力」	要朝「多樣化人才」的人才根本戰略，大力推進

55

新事業的形成有三個階段／三部曲：
(1) 先創造
(2) 再育成
(3) 最後擴大開展

56

針對未來十年經營計劃，要先抉擇出三件事：
(1) 重點領域
(2) 重點課題
(3) 戰略是什麼

57

制訂集團成長戰略及成長計劃之前，必須先做好外部大環境變化與趨勢的分析及判斷

58

公司「生產力」仍有很多向上提升的面向與必需性

59

要把集團「人才資本」做出最大的活用及發揮

60

企業對外的任何重大投資案件，雖要大膽，但也要嚴選與全方位評估

61

零售業每個年度必須有「新主張」及「新slogan」

62

企業面對環境變化很大，必須成立「集團大變革執行委員會」

63

永遠要追求集團化企業的成長

64

推出「集團挑戰2030年的願景口號」

65

便利商店經營的2大軸心，即是：
(1) 商品戰略
(2) 營業戰略

66

成立「ESG推動委員會」

67

企業每年必須有「新價值」，提供給顧客感受到

68

企業必須不斷開發出符合顧客需求與期待的新商品及新服務

69

提高每個門市店的坪效，是每天的任務

70

公司競爭力的兩大核心，即是：
(1) 戰略
(2) 營運力

71

面對顧客多變化的需求，企業必須有快速且正確的應對力

72

公司必須成立「operation 營運戰略部」（或稱經營戰略部），以提升營運過程中的效率與價值出來

73

該公司與集團的品牌價值，在全球發光發亮

74

要做好使每個員工都能活躍化的制度整備

75

在擴大投資的時刻，也要做好集團風險的管控

76

要策訂好中長期（2024～2030 年）成長型戰略投資計劃

77

企業要專注、聚焦在「核心價值」的不斷創造

78

提供安全、安心、健康的商品與服務，是我們不變的根本原則

79

集團的成長戰略，就集中在兩個：
(1) 2030年中長期經營計劃
(2) 永續經營計劃

80

每年的成長戰略，必須有一個「核心點」與「聚焦點」

81

企業的成長戰略，也必須顧及外部大環境及整個社會結構的變化

82

日本 7-11 公司的 4 大戰略，即是：
(1) 展店戰略
(2) 商品戰略
(3) 促銷戰略
(4) 門市店營運戰略

83

• 公司治理要持續深化下去
• 企業價值要持續向上提升

84

我們公司是：人才＋科技組成的公司

85

要採取多個 SBU（戰略利潤中心）的制度去運作，企業才會真正成長。

86

公司價值的源泉：
(1) 創新的創造力
(2) 技術潮流掌
(3) 全球化多樣性人才

87

財務戰略要考慮：
(1) 全球資金調配
(2) 資金成本下降

88

Business Model：
事業經營模式

89

非常強大的經營基盤與資源

90

對既有商品競爭力的強化

91

對新規事業積極的創出

92

貫徹現場主義（門市店、各賣場）的第一優先

93

對海外市場加速擴大及在地化

94

對人才多樣化的人事制度的改革

95

落實公司治理（加強各子公司董事會功能）

96

財務健全提升（確保現流）

97

對各個利潤中心（BU）的經營資源分配

98

每年舉辦 2 次 BU 的戰略會議檢討

99

成立「全球化創新推進委員會」

100

對集團「事業戰略組合」的再強化及改革

101

對「事業戰略管理」的再強化

102

「未來價值創造」,是公司最重要課題

103

對次世代事業創出要加速

104

對成長事業領域的集中投資與事業擴大

105

企業文化再改革及再強化

106

未來必須加強「創新經營」

107

對顧客便利性的徹底追求

108

人才育成戰略必須與集團經營戰略相一致、相配合

109

Value from Innovation (價值來自創新)

110

對新事業的評估,要看兩大方向:
(1) 未來成長性
(2) 未來獲利性

111

要確保顧客的信賴性及高市占率

112

持續保持優越生產技術及品質管理

113

Change for Better (改變是為了更好)

114

公司 2 大重要課題:
(1) 永續經營
(2) 公司治理

115
2 大經營體質再強化：
(1) 成本控制
(2) 生產力再提升

116
2030 年願景目標：
- 技術NO.1戰略
- 全球NO.1戰略

117
集團獲利力再強化、再提升

118
資金運用力強化及事業費用效率化

119
對外部環境要再認識及做好充份準備

120
人才的多樣化、活性化、挑戰化，是未來重中之中

121
SQDC 實踐（安全、品質、交期、成本）

122
經營決策的速度及品質再提升

123
對集團七大事業群的再深耕及再強化

124
全球化人才的育成及採用

125
要固守住經營基盤

126
更具魅力新車型的開發及上市

127
持續品牌價值向上提升

128
提升 3 大價值：
(1) 企業價值上升
(2) 股東價值上升
(3) 社會價值上升

129
持續壯大既有「6 大事業經營組合」的再鞏固及再成長

130

攸關未來成長 2 大核心：

(1) 人才成長

(2) 技術革新

131

未來獲利結構的 3 大事業領域：

(1) 成熟事業

(2) 成長事業

(3) 新興事業

132

人才及組織戰鬥力的最大化發揮

133

集團非常強項：

(1) 100年技術力

(2) 高附加價值商品及服務

(3) 強大客戶基盤

134

對事業經營組合要加速變革：

(1) 擴充3個成長事業

(2) 次世代事業加速育成

(3) 既有事業競爭力強化

135

全球品牌的深化，帶動海外市場成長

136

要加速對新事業領域的推進

137

持續成長 3 個重點：

(1) 需求開發

(2) 品牌浸透

(3) 市場開拓

138

支撐經營戰略的人才及組織基盤變革

139

對戰略核心技術：

(1) 要保持領先性

(2) 要十足強大

140

對每日經營效率的改善追求

→達到每日卓越營運

141

要展開 cost（成本）構造改革

142

公司價值觀：

→誠實、熱情、多樣性

143

價值創造 2 大源泉：

(1) 人才

(2) 技術

144

持續提高顧客滿意度及品牌忠誠度

145

打造出「最值得信賴與成長」的集團

146

Quality Build Trust（品質建立起信賴）

147

要追求具有品質的成長

148

「企業價值」持續向上提升

149

集團 3 種重要會議：
(1) 經營戰略會議
(2) 事業群戰略會議
(3) 全球化戰略會議

150

公司設立「永續長」（CSO）
→企業永續經營

151

財務戰略 3 支柱：
(1) 安全性追求
(2) 成長性追求
(3) 效率性追求

152

打造集團未來 4 大成長戰略：
(1) 全球戰略
(2) 商品戰略
(3) 永續戰略
(4) 新事業戰略

153

要認真看待外部大環境的主要課題及其影響評估

154

對公司的核心能力及經營基盤，要再深化及鞏固

155

聚焦 3 個核心：
(1) 核心市場
(2) 核心科技
(3) 核心產品

156

追求 3 個第一：
(1) 品質第一
(2) 品牌第一
(3) 顧客第一

國家圖書館出版品預行編目資料

超圖解企業成長戰略管理／戴國良著. -- 一
版. -- 臺北市：五南圖書出版股份有限公司,
2024.11
　　面；　公分
ISBN 978-626-393-794-9(平裝)
1.CST: 企業經營　2.CST: 企業管理
494.1　　　　　　　　　　　　113013989

1FAQ

超圖解企業成長戰略管理

作　　　者	戴國良
企劃主編	侯家嵐
責任編輯	侯家嵐
文字編輯	陳威儒
封面完稿	姚孝慈
排版設計	張巧儒
出 版 者	五南圖書出版股份有限公司
發 行 人	楊榮川
總 經 理	楊士清
總 編 輯	楊秀麗
地　　　址	106台北市大安區和平東路二段339號4樓
電　　　話	（02）2705-5066
傳　　　真	（02）2706-6100
網　　　址	https://www.wunan.com.tw
電子郵件	wunan@wunan.com.tw
劃撥帳號	01068953
戶　　　名	五南圖書出版股份有限公司
法律顧問	林勝安律師
出版日期	2024年11月初版一刷
定　　　價	新臺幣420元

經典永恆・名著常在

五十週年的獻禮——經典名著文庫

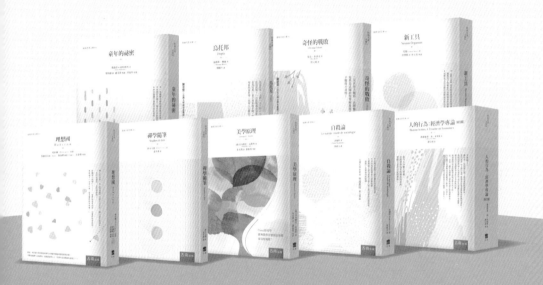

五南，五十年了，半個世紀，人生旅程的一大半，走過來了。

思索著，邁向百年的未來歷程，能為知識界、文化學術界作些什麼？

在速食文化的生態下，有什麼值得讓人雋永品味的？

歷代經典・當今名著，經過時間的洗禮，千錘百鍊，流傳至今，光芒耀人；

不僅使我們能領悟前人的智慧，同時也增深加廣我們思考的深度與視野。

我們決心投入巨資，有計畫的系統梳選，成立「經典名著文庫」，

希望收入古今中外思想性的、充滿睿智與獨見的經典、名著。

這是一項理想性的、永續性的巨大出版工程。

不在意讀者的眾寡，只考慮它的學術價值，力求完整展現先哲思想的軌跡；

為知識界開啟一片智慧之窗，營造一座百花綻放的世界文明公園，

任君遨遊、取菁吸蜜、嘉惠學子！